Imagine Infinite!

창의영재수학

# 아이앤아이



# 영재들의 수학여행

Math Travel

고급 초등6~중등

F 문제해결력

그리스편

창의영재수학

# 아이앤아이

# 영재들의 수학여행

Math Travel

01 수학 여행 테마로 수학 사고력 활동을 자연스럽게 이어갈 수 있도록 하였습니다.

02 키즈 - 입문 - 초급 - 중급 - 고급으로 이어지는 단계별 창의 영재 수학 학습 시리즈입니다.

03 각 챕터마다 기초 - 심화 - 응용의 문제 배치로 쉬운 것부터 차근차근 문제해결력을 향상시킵니다.

04 각종 수학 사고력, 창의력 문제, 지능검사 문제, 대회 기출 문제 등을 체계적으로 정밀하게 다듬어 정리하였습니다.

05 과학, 음악, 미술, 영화, 스포츠 등에 관련된 융합형(STEAM)수학 문제를 흥미롭게 다루었습니다.

06 단계적 학습으로 창의적 문제해결력을 향상시켜 영재교육원에 도전해 보세요.

창의영재가 되어볼까?

# 교재 구성

| 키즈<br>(6세 7세 초1) | A(수) | B(연산) | C(도형) | D(측정) | E(규칙) | F(문제해결력) | G(워크북) |
|---|---|---|---|---|---|---|---|
| | 수와 숫자<br>수 비교하기<br>수 규칙<br>수 퍼즐 | 가르기와 모으기<br>덧셈과 뺄셈<br>식 만들기<br>연산 퍼즐 | 평면도형<br>입체도형<br>위치와 방향<br>도형 퍼즐 | 길이와 무게 비교<br>넓이와 들이 비교<br>시계와 시간<br>부분과 전체 | 패턴<br>이중 패턴<br>관계 규칙<br>여러 가지 규칙 | 모든 경우 구하기<br>분류하기<br>표와 그래프<br>추론하기 | 수<br>연산<br>도형<br>측정<br>규칙<br>문제해결력 |

| 입문<br>(초1~3) | A(수와 연산) | B(도형) | C(측정) | D(규칙) | E(자료와 가능성) | F(문제해결력) | G(워크북) |
|---|---|---|---|---|---|---|---|
| | 수와 숫자<br>조건에 맞는 수<br>수의 크기 비교<br>합과 차<br>식 만들기<br>벌레 먹은 셈 | 평면도형<br>입체도형<br>모양 찾기<br>도형 나누기와 움직이기<br>쌓기나무 | 길이 비교<br>길이 재기<br>넓이와 들이 비교<br>무게 비교<br>시계와 달력 | 수 규칙<br>여러 가지 패턴<br>수 배열표<br>암호<br>새로운 연산 기호 | 경우의 수<br>리그와 토너먼트<br>분류하기<br>그림 그려 해결하기<br>표와 그래프 | 문제 만들기<br>주고 받기<br>어떤 수 구하기<br>재치있게 풀기<br>추론하기<br>미로와 퍼즐 | 수와 연산<br>도형<br>측정<br>규칙<br>자료와 가능성<br>문제해결력 |

| 초급<br>(초3~5) | A(수와 연산) | B(도형) | C(측정) | D(규칙) | E(자료와 가능성) | F(문제해결력) |
|---|---|---|---|---|---|---|
| | 수 만들기<br>수와 숫자의 개수<br>연속하는 자연수<br>가장 크게, 가장 작게<br>도형이 나타내는 수<br>마방진 | 색종이 접어 자르기<br>도형 붙이기<br>도형의 개수<br>쌓기나무<br>주사위 | 길이와 무게 재기<br>시간과 들이 재기<br>덮기와 넓이<br>도형의 둘레<br>원 | 수 패턴<br>도형 패턴<br>수 배열표<br>새로운 연산 기호<br>규칙 찾아 해결하기 | 가짓수 구하기<br>리그와 토너먼트<br>금액 만들기<br>가장 빠른 길 찾기<br>표와 그래프(평균) | 한붓 그리기<br>논리 추리<br>성냥개비<br>다른 방법으로 풀기<br>간격 문제<br>배수의 활용 |

| 중급<br>(초4~6) | A(수와 연산) | B(도형) | C(측정) | D(규칙) | E(자료와 가능성) | F(문제해결력) |
|---|---|---|---|---|---|---|
| | 복면산<br>수와 숫자의 개수<br>연속하는 자연수<br>수와 식 만들기<br>크기가 같은 분수<br>여러 가지 마방진 | 도형 나누기<br>도형 붙이기<br>도형의 개수<br>기하판<br>정육면체 | 수직과 평행<br>다각형의 각도<br>접기와 각<br>붙여 만든 도형<br>단위 넓이의 활용 | 규칙성 찾기<br>도형과 연산의 규칙<br>규칙 찾아 개수 세기<br>교점과 영역 개수<br>수 배열의 규칙 | 경우의 수<br>비둘기집 원리<br>최단 거리<br>만들 수 있는, 없는 수<br>평균 | 논리 추리<br>님 게임<br>강 건너기<br>창의적으로 생각하기<br>효율적으로 생각하기<br>나머지 문제 |

| 고급<br>(초6~중등) | A(수와 연산) | B(도형) | C(측정) | D(규칙) | E(자료와 가능성) | F(문제해결력) |
|---|---|---|---|---|---|---|
| | 연속하는 자연수<br>배수 판정법<br>여러 가지 진법<br>계산식에 써넣기<br>조건에 맞는 수<br>끝수와 숫자의 개수 | 입체도형의 성질<br>쌓기나무<br>도형 나누기<br>평면도형의 활용<br>입체도형의 부피, 겉넓이 | 시계와 각도<br>평면도형의 활용<br>도형의 넓이<br>거리, 속력, 시간<br>도형의 회전<br>그래프 이용하기 | 암호 해독하기<br>여러 가지 규칙<br>여러 가지 수열<br>연산 기호 규칙<br>도형에서의 규칙 | 경우의 수<br>비둘기집 원리<br>입체도형에서의 경로<br>영역 구분하기<br>확률 | 홀수와 짝수<br>조건 분석하기<br>다른 질량 찾기<br>뉴튼산<br>작업 능률 |

# 책의 구성과 활용

## 단원들어가기

0은 홀수일까? 짝수일까?

2012년 미국에서는 허리케인 때문에 자동차 기름 수급에 문제가 발생했었습니다. 이 때문에 뉴욕에서 '차량 주유 홀짝제' 를 시행했는데 내용이 아래와 같아서 논란이 되었습니다.

0 또는 짝수로 끝나는 번호판의 차량은 짝수 날짜에만 기름을 넣을 수 있다.

뉴욕에서 발표한 위 내용은 어떤 오류가 있어서 논란이 되었을까요? 아래의 내용을 이용해 생각하세요.

짝수는 2 로 나누어 떨어지는 수를 의미하고 홀수는 2 로 나누었을때 나머지가 1이 남는 수를 의미합니다.

0 ÷ 2 = 0 → 이와 같이 0 은 2 로 나누었을 때 나누어 떨어집니다.

이와 같은 이유로 수학적 개념으로 따진다면 0 은 짝수이기 때문에 뉴욕에서 발표한 내용 중 '0 또는 짝수' 는 중복으로 쓰인 말이므로 그냥 '짝수'라고 하면 됩니다.

1. 홀수와 짝수

아테네는 그리스의 수도이자 가장 큰 도시야.
아테네에는 유적이 엄청나게 많다면데?
맞아! 그 유적이 많아서 세계적인 관광도시라고 해.
우리도 유적을 보러가자~
그리스
Greece

그리스 첫째 날 DAY 1

친구들의 수학여행(MatHTravel)과 함께 단원이 시작됩니다. 여행지에서 수학문제를 발견하고 창의적으로 해결해 나갑니다.

## 아이앤아이 수학여행 친구들

전 세계 곳곳의 수학 관련 문제들을 풀며 함께 세계여행을 떠날 친구들을 소개할게요!

### 무우

팀의 맏리더. 행동파 리더.

에너지 넘치는 자신감과 무한 긍정으로 팀원에게 격려와 응원을 아끼지 않는 팀의 맏형, 솔선수범하는 믿음직한 해결사예요.

### 상상

팀의 챙김이 언니, 아이디어 뱅크.

감수성이 풍부하고 공감력이 뛰어나 동생들의 고민을 경청하고 챙겨주는 맏언니예요.

### 알알

진지하고 생각많은 똘똘이 알알이.

겁 많고 부끄럼 많고 소심하지만 관찰력이 뛰어나고 생각 깊은 아이에요. 야무진 성격을 보여주는 알밤머리와 주근깨 가득한 통통한 볼이 특징이에요.

### 제이

궁금한게 많은 막내 엉뚱이 제이.

엉뚱한 질문이나 행동으로 상대방에게 웃음을 주어요. 주위의 것을 놓치고 싶지 않은 장난기가 가득한 매력덩어리입니다.

## 단원살펴보기

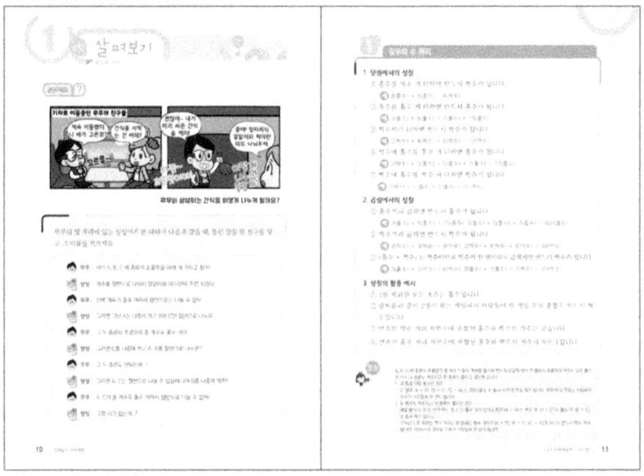

단원의 주제되는 내용을 정리하고 '궁금해요' 문제를 풀어봅니다.

## 대표문제

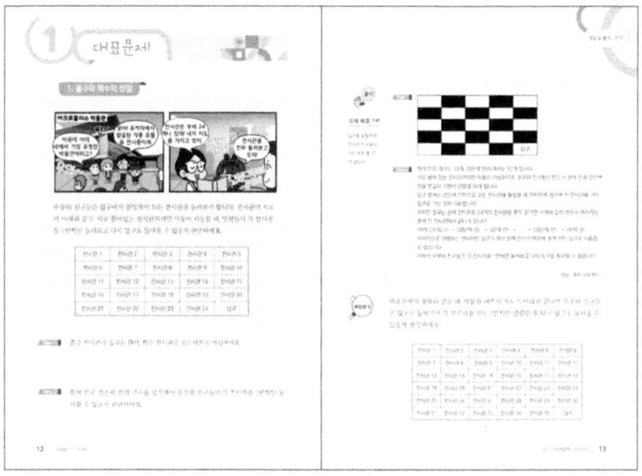

대표되는 문제를 단계적으로 해결하고 '확인하기' 문제를 풀어봅니다.

## 연습문제

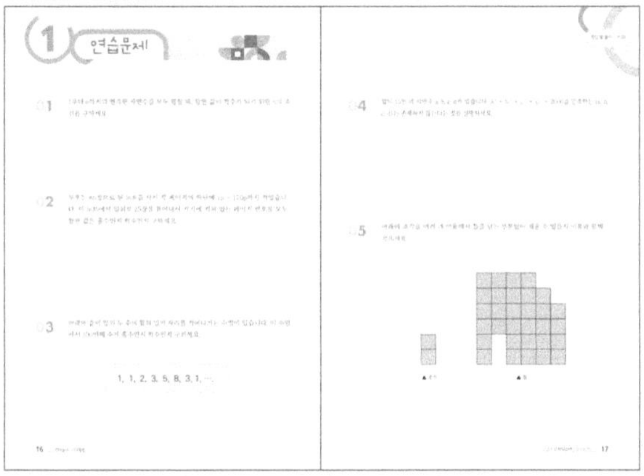

단원살펴보기 및 대표문제에서 익힌 내용을 알차게 구성된 사고력 문제를 통해 점검하며 주제에 대한 탄탄한 기본기를 다집니다.

## 심화문제

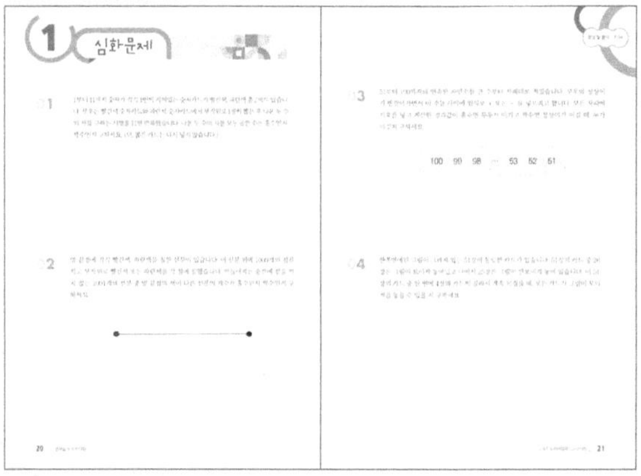

단원에 관련된 문제의 이해와 응용력을 바탕으로 창의적 문제 해결력을 기릅니다.

## 창의적문제해결수학

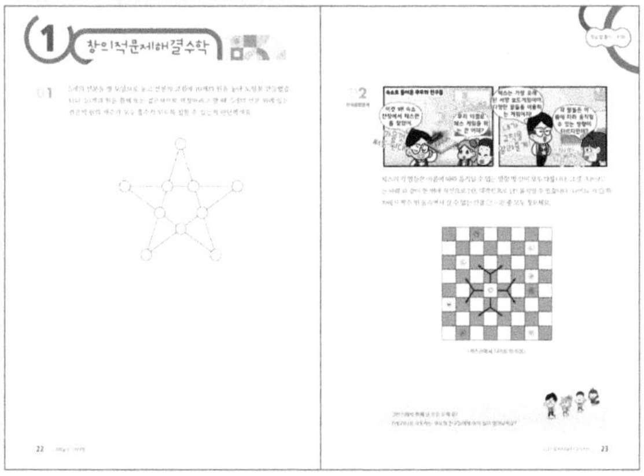

창의력 응용문제, 융합문제를 풀며 해당 단원 문제에 자신감을 가집니다.

## 정답 및 풀이

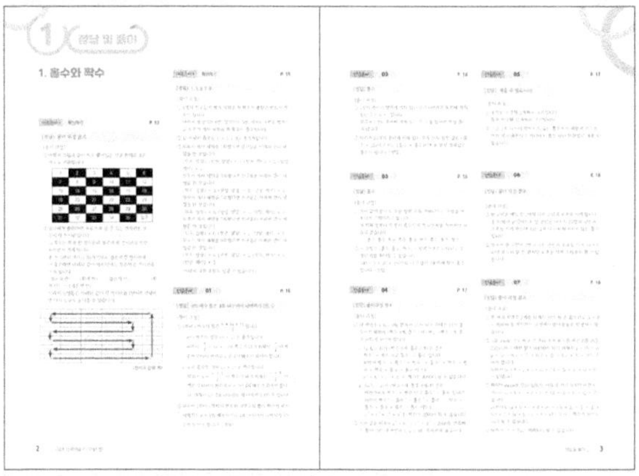

상세한 풀이과정과 함께 수학적 사고력을 완성합니다.

# 차례
CONTENTS

고급 초6~중등 F 문제해결력

# 0은 홀수일까? 짝수일까?

2012년 미국에서는 허리케인 때문에 자동차 기름 수급에 문제가 발생했었습니다. 이 때문에 뉴욕에서 '차량 주유 홀짝제' 를 시행했는데 내용이 아래와 같아서 논란이 되었습니다.

> 0 또는 짝수로 끝나는 번호판의 차량은 짝수 날짜에만 기름을 넣을 수 있다.

뉴욕에서 발표한 위 내용은 어떤 오류가 있어서 논란이 되었을까요? 아래의 내용을 이용해 생각하세요.

> 짝수는 2 로 나누어 떨어지는 수를 의미하고 홀수는 2 로 나누었을때 나머지가 1이 남는 수를 의미합니다.
>
> 0 ÷ 2 = 0 → 이와 같이 0 은 2 로 나누었을 때 나누어 떨어집니다.

이와 같은 이유로 수학적 개념으로 따진다면 0 은 짝수이기 때문에 뉴욕에서 발표한 내용 중 '0 또는 짝수' 는 중복으로 쓰인 말이므로 그냥 '짝수'라고 하면 됩니다.

# 1. 홀수와 짝수

그리스 - 아테네 공항
그리스의 수도 아테네에 도착 했어~!
짜잔~!
그리스는 서양에서 문화와 예술의 나라라고도 불린대.
고대 유적들이 유명하고, 올리브랑 포도가 맛있대!
그렇구나~
아테네는 어때?
볼 곳이 많지~
아테네는 그리스의 수도이자 가장 큰 도시야.
아테네에는 유적이 엄청나게 많다던데?
어디부터 갈까?
맞아! 그 유적이 있어서 세계적인 관광도시라고 해.
우리도 유적을 보러가자~
출발~

그리스
Greece
★아테네

## 그리스 첫째 날 DAY 1

무우와 친구들은 그리스에 가는 첫째 날, <아테네>에 도착했어요. 무우와 친구들은 첫째 날에 <아크로폴리스 박물관>, <아크로폴리스> 를 여행할 예정이에요. 자, 그럼 <아테네> 에서 만날 수학 문제에는 어떤 것들이 있을까요?
즐거운 수학여행 출발~!

궁금해요 ?

기차로 이동중인 무우와 친구들
계속 이동했더니 배가 고픈걸?
간식을 사먹는 건 어때?
꼬르륵~
괜찮아~ 내가 미리 싸온 간식을 먹자!
좋아! 뒷자리의 알알이와 제이한테도 나눠주자.
짜잔~ 초콜릿이야!
어떻게 나누면 좋을까?

**무우와 상상이는 간식을 어떻게 나누게 될까요?**

무우와 옆 자리에 있는 상상이가 한 대화가 다음과 같을 때, 틀린 말을 한 친구를 찾고 그 이유를 적으세요.

**무우 :** 내가 A, B, C 세 종류의 초콜릿을 여러 개 가지고 왔어!

**상상 :** 개수를 절반으로 나눠서 알알이와 제이한테 주면 되겠다.

**무우 :** 전체 개수가 홀수 개라서 절반으로는 나눌 수 없어.

**상상 :** 그러면 그냥 A는 나중에 먹고 B와 C만 절반으로 나누자.

**무우 :** 그 두 종류의 초콜릿의 총 개수도 홀수 개야.

**상상 :** 그러면 C를 나중에 먹고 A, B를 절반으로 나누면?

**무우 :** 그 두 종류도 안되는데..?

**상상 :** 그러면 A, C는 절반으로 나눌 수 있을테니까 B를 나중에 먹자!

**무우 :** A, C의 총 개수도 홀수 개라서 절반으로 나눌 수 없어!

**상상 :** 그럴 리가 없는데..?

# 1 경우의 수 원리

## 1. 덧셈에서의 성질

① 홀수를 짝수 개 더하면 반드시 짝수가 됩니다.

예 3(홀수) + 5(홀수) = 8(짝수)

② 홀수를 홀수 개 더하면 반드시 홀수가 됩니다.

예 3(홀수) + 5(홀수) + 7(홀수) = 15(홀수)

③ 짝수끼리 더하면 반드시 짝수가 됩니다.

예 2(짝수) + 4(짝수) + 6(짝수) = 12(짝수)

④ 짝수에 홀수를 홀수 개 더하면 홀수가 됩니다.

예 2(짝수) + 3(홀수) + 5(홀수) + 7(홀수) = 17(홀수)

⑤ 짝수에 홀수를 짝수 개 더하면 짝수가 됩니다.

예 2(짝수) + 3 (홀수) + 5 (홀수) = 10 (짝수)

## 2. 곱셈에서의 성질

① 홀수끼리 곱하면 반드시 홀수가 됩니다.

예 3(홀수) × 5(홀수) = 15(홀수), 3(홀수) × 5(홀수) × 7(홀수) = 105(홀수)

② 짝수끼리 곱하면 반드시 짝수가 됩니다.

예 2(짝수) × 4(짝수) = 8(짝수), 2(짝수) × 4(짝수) × 6(짝수) = 48(짝수)

③ (홀수 × 짝수) 는 짝수이므로 짝수가 한 번이라도 곱해지면 반드시 짝수가 됩니다.

예 3(홀수) × 2(짝수) = 6(짝수), 3(홀수) × 5(홀수) × 2(짝수) = 30(짝수)

## 3. 성질의 활용 예시

① 2를 제외한 모든 소수는 홀수입니다.

② 팔씨름과 같이 2명이 하는 게임에서 사람들이 한 게임 수의 총합은 반드시 짝수입니다.

③ 연속한 짝수 개의 자연수에 포함된 홀수와 짝수의 개수는 같습니다.

④ 연속한 홀수 개의 자연수에 포함된 홀수와 짝수의 개수의 차는 1입니다.

A, B, C 세 종류의 초콜릿의 총 개수가 홀수 개라면 홀수와 짝수의 성질에 따라 각 종류의 초콜릿의 개수는 모두 홀수이거나, 두 종류는 짝수이고 한 종류는 홀수인 경우뿐 입니다.

1. 세 종류 모두 홀수인 경우
   이 경우 (A + B), (B + C), (C + A) 는 모두 (홀수 + 홀수) 이므로 짝수 개가 됩니다. 따라서 이 경우는 처음부터 무우가 거짓말을 한 것이 됩니다.
2. 두 종류는 짝수이고 한 종류는 홀수인 경우
   예를 들어 A, B 는 각각 짝수 개, C 는 홀수 개가 있다고 하면 (A + B) 는 짝수 개, (A + C) 는 홀수 개, (B + C) 는 홀수 개가 됩니다.
   이와같이 두 종류는 짝수 개이고 한 종류는 홀수 개라면 (A + B), (B + C), (C + A) 중 하나는 반드시 짝수 개가 됩니다. 따라서 이 경우도 무우가 거짓말을 한 것이 됩니다.

# 1 대표문제

## 1. 홀수와 짝수의 성질

아크로폴리스 박물관
짠~
이곳이 아테네에서 가장 유명한 박물관이라고?
맞아! 유적지에서 발굴된 각종 유물을 전시중이래.
우와~
전시관은 무려 24개나 있대! 내가 지도를 가지고 있지.
엄청나게 넓다~
전시관을 전부 둘러보고 오자!
어디부터 갈까?

무우와 친구들은 입구에서 출발해서 모든 전시관을 둘러보려 합니다. 전시관의 지도가 아래와 같고, 서로 붙어있는 전시관끼리만 이동이 가능할 때, 일행들이 각 전시관을 1번씩만 둘러보고 다시 입구로 돌아올 수 있을지 판단하세요.

| | | | | |
|---|---|---|---|---|
| 전시관 1 | 전시관 2 | 전시관 3 | 전시관 4 | 전시관 5 |
| 전시관 6 | 전시관 7 | 전시관 8 | 전시관 9 | 전시관 10 |
| 전시관 11 | 전시관 12 | 전시관 13 | 전시관 14 | 전시관 15 |
| 전시관 16 | 전시관 17 | 전시관 18 | 전시관 19 | 전시관 20 |
| 전시관 21 | 전시관 22 | 전시관 23 | 전시관 24 | 입구 |

**Step 1** 홀수 전시관과 입구는 흰색, 짝수 전시관은 검은색으로 색칠하세요.

**Step 2** 흰색 칸과 검은색 칸의 개수를 생각해서 무우와 친구들이 각 전시관을 1번씩만 둘러볼 수 있을지 판단하세요.

풀이

Step 1

Step 2

흰색 칸의 개수는 13개, 검은색 칸의 개수는 12개 입니다.
서로 붙어 있는 전시관끼리만 이동이 가능하므로 무우와 친구들은 반드시 흰색 칸과 검은색 칸을 번갈아 가면서 관람을 하게 됩니다.
입구 옆에는 검은색 칸이므로 모든 전시관을 돌았을 때 마지막에 검은색 칸 전시관을 가야 입구로 가는 것이 가능합니다.
하지만 입구는 흰색 칸이므로 24개의 전시관을 모두 돈다면 아래와 같이 반드시 마지막은 흰색 칸 전시관에서 끝나게 됩니다.
(흰색 칸) (입구) → (검은색 칸) → (흰색 칸) → … → (검은색 칸) → (흰색 칸)
마지막으로 관람하는 전시관은 입구가 아닌 흰색 칸이기 때문에 흰색 칸인 입구로 이동할 수 없습니다.
따라서 무우와 친구들은 각 전시관을 1번씩만 둘러보고 다시 입구로 돌아올 수 없습니다.

정답 : 풀이 과정 참조

**문제 해결 TIP**

입구를 포함하면 무우와 친구들이 가는 방은 총 25칸 입니다.

**확인하기**

대표문제의 상황과 같을 때, 박물관 내부의 지도가 아래와 같다면 무우와 친구들은 입구로 들어가서 각 전시관을 모두 1번씩만 관람한 후 다시 입구로 돌아올 수 있을지 생각하세요.

| | | | | | |
|---|---|---|---|---|---|
| 전시관 1 | 전시관 2 | 전시관 3 | 전시관 4 | 전시관 5 | 전시관 6 |
| 전시관 7 | 전시관 8 | 전시관 9 | 전시관 10 | 전시관 11 | 전시관 12 |
| 전시관 13 | 전시관 14 | 전시관 15 | 전시관 16 | 전시관 17 | 전시관 18 |
| 전시관 19 | 전시관 20 | 전시관 21 | 전시관 22 | 전시관 23 | 전시관 24 |
| 전시관 25 | 전시관 26 | 전시관 27 | 전시관 28 | 전시관 29 | 전시관 30 |
| 전시관 31 | 전시관 32 | 전시관 33 | 전시관 34 | 전시관 35 | 입구 |

# 1 대표문제

## 2. 홀수와 짝수 활용

아크로폴리스
우와, 엄청 큰 신전이다!
멋지다~
150m 언덕 위에 있어서 아테네 시내 어디서든 볼 수 있대.
엄청 크지!
아크로폴리스 안에서는 예전에 지냈던 제사 체험을 할 수 있다던데?
완전 궁금해~
가보자!
우리도 짝을 지어서 제사 체험을 해보자!

이곳에서는 아래와 같이 제사 체험을 할 수 있습니다.

1. 제사실은 2인 1조로 들어갈 수 있습니다.
2. 1번 체험할 때 원하는 신 1명에게 제사를 지내며 제사 체험은 여러 번 할 수 있습니다.

무우와 친구들은 짝지어서 원하는 대로 제사 체험을 하였습니다. 4명 모두가 원하는 대로 체험을 마친 뒤 제사 체험을 한 횟수를 확인했더니 홀수 번 제사 체험을 한 사람이 짝수 명이었습니다. 홀수 번 제사 체험을 한 사람이 홀수 명이 될 수 없는 이유를 설명하세요.

**Step 1** 4명이 제사 체험을 한 총 횟수가 짝수인지 홀수인지 생각하세요.

**Step 2** 홀수 번 제사 체험을 한 사람이 1명 또는 3명일 때 생기는 문제점을 찾으세요.

풀이

**Step 1** 제사 체험은 반드시 2인 1조로 하게 됩니다. 따라서 1회 당 총 2번씩 제사체험을 하게 됩니다. 따라서 모든 친구들의 제사 체험 횟수의 총합은 반드시 2의 배수가 되고 이는 짝수입니다.

**Step 2** 조를 짜는 것은 임의로 짜게 되므로 각자 한 횟수 대신 전체 횟수를 기준으로 판단합니다. 총 4명이므로 만약 홀수 번 제사 체험을 한 사람이 홀수 명이라면 홀수 번 제사 체험을 한 사람은 1명 또는 3명입니다.

① 홀수 번 제사 체험을 한 사람이 1명인 경우
이 경우 짝수 번 제사 체험을 한 사람이 3명입니다.
(짝수) + (짝수) + (짝수) + (홀수) 는 홀수와 짝수의 성질에 따라 반드시 홀수입니다.
모든 친구들의 제사 체험 횟수의 총합은 짝수이므로 이는 모순이 됩니다.

② 홀수 번 제사 체험을 한 사람이 3명인 경우
이 경우 짝수 번 제사 체험을 한 사람이 1명입니다.
(짝수) + (홀수) + (홀수) + (홀수) 는 홀수와 짝수의 성질에 따라 반드시 홀수입니다.
모든 친구들의 제사 체험 횟수의 총합은 짝수이므로 이 경우도 모순이 됩니다.

따라서 홀수 번 제사 체험을 한 사람은 반드시 짝수 명이 되어야 합니다.

정답 : 풀이 과정 참조

**문제 해결 TIP**

(홀수 + 짝수) 는 반드시 홀수입니다.

**확인하기**

2인 1조로 제사 체험을 할 수 있는 신은 총 10명이기 때문에 무우와 친구들은 각각 최대 10번까지 제사 체험을 할 수 있습니다. 체험을 모두 마친 후 몇 회씩 체험했는지 물어봤을 때, 상상이는 6번, 알알이는 5번, 제이는 4번이라고 답했습니다. 무우가 제사 체험한 횟수가 될 수 있는 수를 모두 구하세요.

# 1 연습문제

**01** 1부터 n까지의 연속한 자연수를 모두 합할 때, 합한 값이 짝수가 되기 위한 n의 조건을 구하세요.

**02** 무우는 85장으로 된 노트를 사서 각 페이지의 하단에 1p ~ 170p까지 적었습니다. 이 노트에서 임의로 25장을 뜯어내서 거기에 적혀 있는 페이지 번호를 모두 합한 값은 홀수인지 짝수인지 구하세요.

**03** 아래와 같이 앞의 두 수의 합의 일의 자리를 적어나가는 수열이 있습니다. 이 수열에서 100번째 수가 홀수인지 짝수인지 구하세요.

1, 1, 2, 3, 5, 8, 3, 1, ⋯.

## 04

합이 15인 네 자연수 a, b, c, d가 있습니다. $A^3 + b^3 + c^3 + d^3 = 2000$을 만족하는 (a, b, c, d)는 존재하지 않는다는 것을 설명하세요.

## 05

아래의 조각을 여러 개 이용해서 틀을 남는 부분없이 채울 수 있을지 이유와 함께 적으세요.

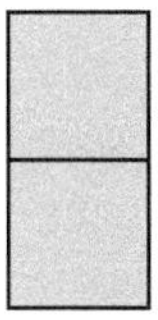

▲ 조각

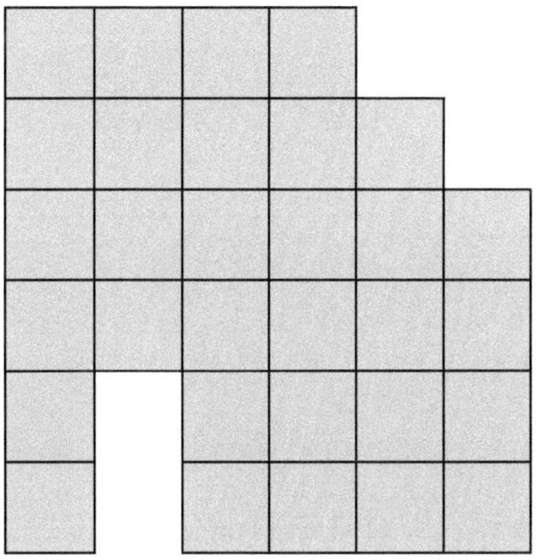

▲ 틀

**06** 군인 50명이 매일 밤 3명씩 보초를 섭니다. 보초 서는 스케줄을 짤 때, 모든 사람이 나머지 49명과 단 한 번씩만 보초를 서게 할 수 있을지 이유와 함께 적으세요.

**07** 한 다섯 자리 자연수 A와 A의 각 자리 숫자를 임의로 바꾼 수 B가 있습니다. A와 B의 합인 A + B가 99999인 A가 존재하는지 이유와 함께 적으세요.

**08** 아래와 같이 1부터 1998까지 연속한 자연수가 한 번씩 적혀 있습니다. 이 중 임의로 2개의 수를 빼내고 빼낸 두 수의 합 또는 차 중 하나를 다시 적는 시행을 계속 반복할 때, 마지막에 남는 1개의 수가 홀수일지 짝수일지 구하세요.

1, 2, 3, 4, ⋯ , 1997, 1998

**09** $1+2^2+3^3+4^4+\cdots+1230^{1230}+1231^{1231}$을 계산한 값은 홀수인지 짝수인지 구하고 이유를 적으세요.

**10** 1, 2, 3, 4, 5 중 세 개의 수를 순서대로 뽑아 차례대로 A, B, C라고 할 때, $A\times B+C$의 결과값이 짝수가 되도록 (A, B, C)를 뽑는 경우의 수를 구하세요.

# 1 심화문제

**01**

1부터 11까지 숫자가 각각 1번씩 적혀있는 숫자카드가 빨간색, 파란색 총 2세트 있습니다. 무우는 빨간색 숫자카드와 파란색 숫자카드에서 무작위로 1장씩 뽑은 후 나온 두 수의 차를 구하는 시행을 11번 반복했습니다. 나온 두 수의 차를 모두 곱한 수는 홀수인지 짝수인지 구하세요. (단, 뽑은 카드는 다시 넣지 않습니다.)

**02**

양 끝점에 각각 빨간색, 파란색을 칠한 선분이 있습니다. 이 선분 위에 1000개의 점을 찍고 무작위로 빨간색 또는 파란색을 각 점에 칠했습니다. 만들어지는 중간에 점을 끼지 않는 1001개의 선분 중 양 끝점의 색이 다른 선분의 개수가 홀수인지 짝수인지 구하세요.

**03** 51부터 100까지의 연속한 자연수를 큰 수부터 차례대로 적었습니다. 무우와 상상이가 번갈아가면서 이 수들 사이에 임의로 + 또는 - 를 넣으려고 합니다. 모든 자리에 기호를 넣고 계산한 결과값이 홀수면 무우가 이기고 짝수면 상상이가 이길 때, 누가 이길지 구하세요.

100 99 98 … 53 52 51

**04** 한쪽면에만 그림이 그려져 있는 51장의 동일한 카드가 있습니다. 51장의 카드 중 26장은 그림이 보이게 놓여있고 나머지 25장은 그림이 안보이게 놓여 있습니다. 이 51장의 카드 중 한 번에 4장의 카드씩 골라서 계속 뒤집을 때, 모든 카드가 그림이 보이게끔 놓을 수 있을 지 구하세요.

# 1 창의적문제해결수학

**01** 5개의 선분을 별 모양으로 놓고 선분의 교점에 10개의 원을 놓아 도형을 만들었습니다. 10개의 원을 흰색 또는 검은색으로 색칠하려고 할 때, 5개의 선분 위에 있는 검은색 원의 개수가 모두 홀수가 되도록 칠할 수 있는지 판단하세요.

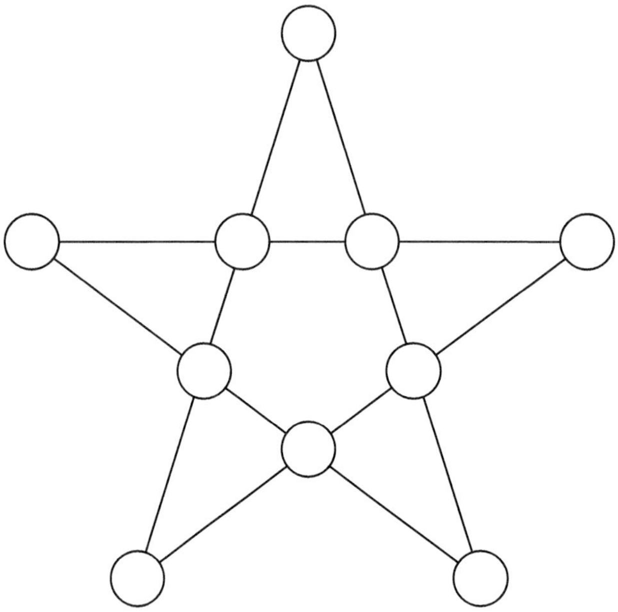

## 02 창의융합문제

숙소로 돌아온 무우와 친구들
이것 봐! 숙소 찬장에서 체스판을 찾았어.
마음껏 써도 된대~
재미있겠다~
우리 이걸로 체스 게임을 하는 건 어때?
체스는 가장 오래 된 서양 보드게임이야. 다양한 말들을 이용하는 게임이지!
내가 규칙을 알려줄게!
각 말들은 이름에 따라 움직일 수 있는 방향이 다르다던데?
어떻게 하는거야?

체스의 각 말들은 이름에 따라 움직일 수 있는 방향 및 칸이 모두 다릅니다. 그 중 '나이트'는 아래 와 같이 한 번에 직선으로 1칸, 대각선으로 1칸 움직일 수 있습니다. '나이트' 가 ◎ 위치에서 짝수 번 움직여서 갈 수 없는 칸을 ㉠ ~ ⓞ 중 모두 찾으세요.

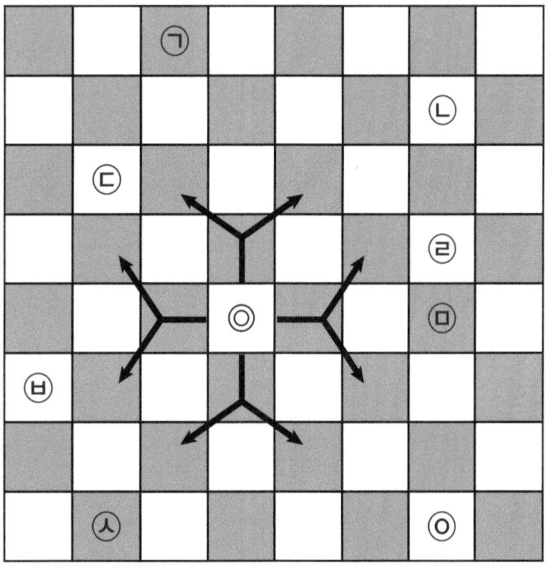
㉠
㉡
㉢
㉣
◎
㉤
㉥
㉦
ⓞ

〈체스판에서 '나이트'의 이동〉

그리스에서 첫째 날 모든 문제 끝!
산토리니로 이동하는 무우와 친구들에게 어떤 일이 일어날까요?

# 삼단논법이란?

삼단논법은 고대 그리스의 철학자인 아리스토텔레스가 이론적 기초를 다진 대표적인 간접추리논법입니다.
삼단논법은 아래와 같이 2개의 전제(대전제, 소전제)에서 1개의 결론을 이끌어내는 구성을 지닙니다.

대전제 : 인간은 모두 죽는다.
소전제 : 소크라테스는 인간이다.
→ 결론 : 따라서 소크라테스는 죽는다.

이와 같이 2개 또는 2개 이상의 조건들의 상호관계를 생각해서 하나의 결론을 유도하는 추리 방법을 '간접추리' 라고 하며 귀납법과 같은 추리방법 역시 이러한 '간접추리' 의 한 종류입니다.

# 2. 조건 분석하기

산토리니
쏴아~
쏴아~
풍경이 정말 아름답다~!
산토리니는 세계에서 가장 유명한 관광지 중 하나야!
이곳의 건물들은 대부분 흰색 벽에 파란색 벽으로 이루어져 있어.
정말이네! 왜 그런 거지?
예쁘다~
그리스는 햇볕이 뜨겁대.
흰색 벽이 지중해의 뜨거운 햇살을 반사시켜서 건물을 시원하게 해준대.
더위를 피하려고 한 거구나~
그렇구나~
산토리니 섬에는 여러 마을이 있는데, 우리는 이아 마을로 가서 노을을 볼거야.
바다에서 보는 노을이 정말 멋있겠는걸?
어서 구경하러 가자~

그리스
Greece
아테네
산토리니

## 그리스 첫째 날 DAY 2

무우와 친구들은 그리스에 가는 둘째 날, <산토리니>에 도착했어요. 무우와 친구들은 둘째 날에 <이아 마을>을 여행할 예정이에요. 무우와 친구들이 <이아 마을> 에서 만날 수학 문제에는 어떤 것들이 있을까요?

# 2 단원 살펴보기

조건 분석하기

궁금해요 ?

산토리니 '이아' 마을
우와, 바다가 보이는 풍경이 정말 멋지다!
짜잔~!
이곳은 세계에서 가장 아름다운 노을 명소로 꼽힌대.
오오~
해가 지기 전에 식당에서 식사를 하고 노을 구경을 하러 가자.
돈도 잘 챙겼지~
좋아!
저 테이블에 앉아서 밥을 먹는 건 어때?
바다가 잘 보이는 곳에 원탁이 있네~
어서 가서 앉자!
앗! 그런데 먼저 온 사람들이 있었나봐.
괜찮으시다면 같이 앉아서 식사를 하죠~
어떡하지?

**무우와 친구들은 원탁의 어떤 자리에 앉았을까요?**

〈조건〉에 따라 7명의 친구들이 원탁에 앉았을 때, 다음 물음에 답하세요.

**조건**

㉠ 상상이와 알알이는 나란히 앉습니다.

㉡ B는 여학생들 사이에 앉습니다.

㉢ 무우는 남학생들 사이에 앉습니다.

㉣ A의 왼쪽에 B가 앉습니다.

항상 무우와 2칸 떨어져서 앉게 되는 학생을 구하세요. (단, 무우, 제이, B, C는 남자이고 상상이, 알알이, A는 여자입니다.)

## 1 조건추리 단계

**1단계 :** 주어진 개별 조건에서 알 수 있는 정보를 수집합니다.

**2단계 :** 2개 이상의 조건을 취합하여 얻을 수 있는 정보를 수집합니다.

**3단계 :** 얻은 정보들을 도식화합니다.

➡ 표를 그린 후 얻은 정보들을 O, X 등으로 표시합니다.

**4단계 :** 모든 정보를 얻을 수 없는 경우

➡ 경우의 수 중 1가지가 맞다고 가정하고 나머지 표를 완성시킵니다.
모순이 생긴다면 해당 경우의 수는 제외하고 다른 경우의 수를 생각합니다.

**정답**

1. 주어진 개별 정보들에서 알 수 있는 정보를 수집해 봅니다.
   ① ㉠조건에서 상상이와 알알이는 바로 옆 자리이므로 (상상, 알알)또는 (알알, 상상)으로 앉는다는 것을 알 수 있습니다.
   ② ㉣조건에서 A의 왼쪽에는 B가 앉아야 하므로 (B, A)로 앉는다는 것을 알 수 있습니다.
2. 2개 이상의 조건을 취합하여 얻을 수 있는 정보를 수집해 봅니다.
   ① ㉡, ㉣조건에서 B의 오른쪽에는 A가 앉고 B는 여학생들 사이에 앉아야 하므로 (상상, 알알, B, A) 또는 (알알, 상상, B, A)로 앉는다는 것을 알 수 있습니다.
   ② 알알이와 A는 모두 여학생이므로 남은 3명(무우, 제이, C)은 ㉢조건으로 인해 (제이, 무우, C) 또는 (C, 무우, 제이)로 앉는다는 것을 알 수 있습니다.
3. 이를 이용해서 원탁에 앉는 학생들을 도식화하면 아래와 같이 4가지 경우가 나옵니다.

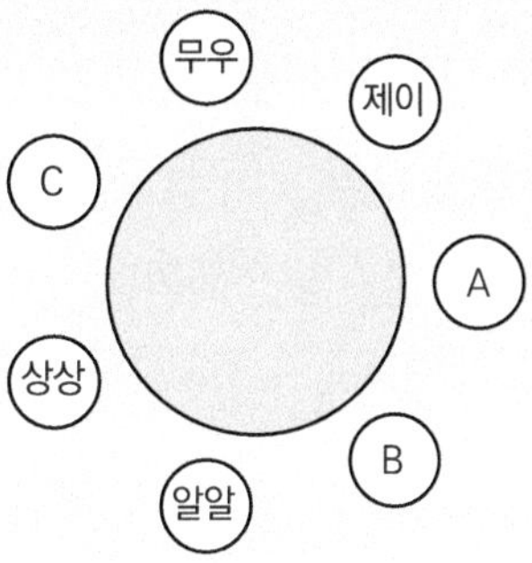

〈경우 1〉

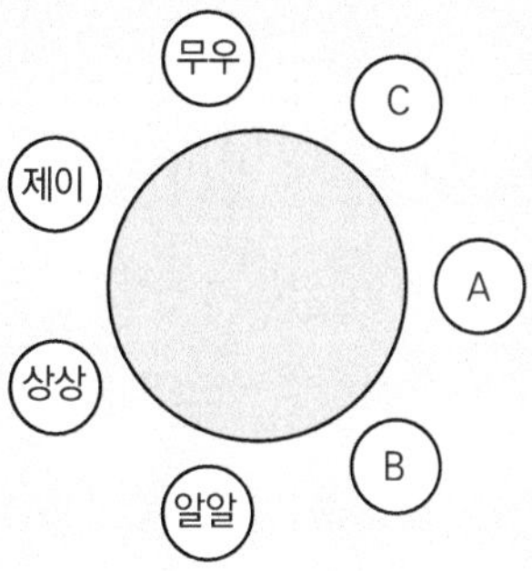

〈경우 2〉

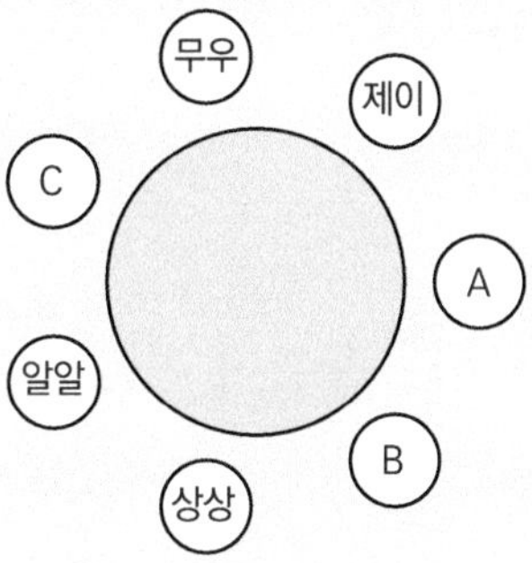

〈경우 3〉

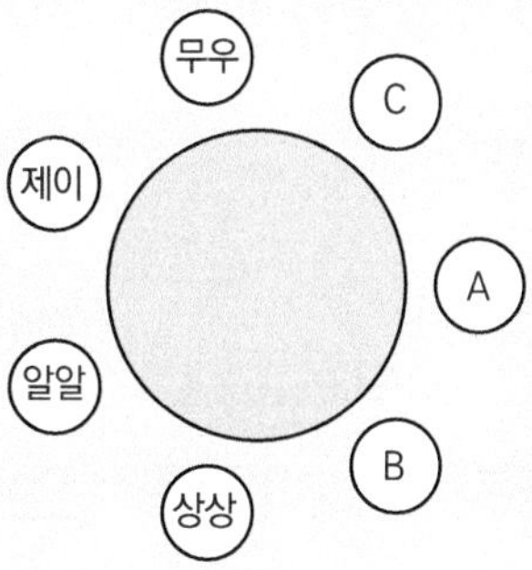

〈경우 4〉

4. 정확하게 모든 학생들이 앉아 있는 정보를 알 수는 없습니다. 따라서 나오는 모든 경우에서 조건을 만족하는 학생을 찾아보도록 합니다.
   〈경우 1〉과 〈경우 2〉에서 무우와 2칸 떨어져서 앉게 되는 학생은 (알알, B) 2명입니다.
   〈경우 3〉과 〈경우 4〉에서 무우와 2칸 떨어져서 앉게 되는 학생은 (상상, B) 2명입니다.
   따라서 모든 경우에 무우와 2칸 떨어져서 앉게 되는 학생은 B 입니다.

**정답** : B

## 2 대표문제

### 1. 색깔 맞히기

산토리니 '이아' 마을
식사를 마쳤으니 노을을 보러 갈까~
이아 마을에는 세 군데의 노을 명소가 있대!
어디서 볼까~?
각 명소마다 고도가 각각 다르대. 각자 흩어져서 노을을 보고 오자!
다들 가는 모양이네? 조금 장난을 쳐볼까~
좋아!
히히

상황이 아래와 같을 때, 다음 물음에 답하세요.

무우를 제외한 모든 친구들은 본인과 친구들의 등 뒤에 붙은 포스트잇의 색깔을 알지 못했습니다. 가장 높은 장소로 간 제이는 상상이와 알알이의 등 뒤에 붙은 포스트잇의 색깔을 볼 수 있었고, 알알이는 상상이의 등 뒤에 붙은 포스트잇의 색깔만 볼 수 있었습니다.
모든 친구들이 숙소로 돌아온 뒤 무우는 친구들을 모두 모아 놓고 아래와 같이 말해주고 제이 → 알알 → 상상이 순으로 본인의 등에 붙은 포스트잇 색깔을 물어보았습니다.
무우 : 나한테 흰색 포스트잇 2개, 검은색 포스트잇 3개가 있었는데 너네가 나가기 전에 몰래 등 뒤에 한 장씩 붙였어.
제이와 알알이는 차례대로 모르겠다고 대답했는데 이 대답을 들은 상상이는 잠시 고민한 후 본인의 등 뒤에 붙은 포스트잇의 색을 맞혔습니다.

**Step 1** 제이가 본인의 등에 붙은 포스트잇의 색을 모른다고 했을 때 얻을 수 있는 정보를 찾으세요.

**Step 2** 알알이가 본인의 등에 붙은 포스트잇의 색을 모른다고 했을 때 얻을 수 있는 정보를 찾으세요.

**Step 3** 상상이의 등에 붙은 포스트잇의 색을 구하세요.

풀이

**문제 해결 TIP**

제이와 알알이가 본인의 등 뒤에 붙은 포스트잇 색을 알게 되는 경우를 제외하도록 합니다.

**Step 1** 무우에게는 흰색 포스트잇이 2개, 검은색 포스트잇이 3개 있었으므로 가장 위에 있는 제이가 봤을 때, 알알이와 상상이에게 모두 흰색 포스트잇이 붙어있었다면 본인의 등에는 검은색 포스트잇이 붙어있다는 것을 알 수 있을 것입니다.
하지만 제이는 본인의 등에 붙은 포스트잇의 색을 모른다고 대답했으므로 알알이와 상상이 둘 다 흰색 포스트잇이 붙어있지 않다는 정보를 찾을 수 있습니다.
따라서 상상이, 알알이, 제이의 등 뒤에 붙어있는 포스트잇의 색은 아래의 표와 같이 3가지 경우가 있게 됩니다.

**Step 2** 이와 같은 3가지 경우뿐이므로 상상이에게 흰색 포스트잇이 붙어있다면 알알이는 본인의 등에는 검은색 포스트잇이 붙어있다는 것을 알게 됩니다. 하지만 알알이는 본인의 등에 붙어있는 포스트잇의 색을 모르겠다고 했으므로 상상이의 등에 붙어있는 포스트잇의 색은 흰색이 아닙니다.

| 상상 | 알알 | 제이 |
|---|---|---|
| 흰색 | 검은색 | 모름 |
| 검은색 | 흰색 | 모름 |
| 검은색 | 검은색 | 모름 |

**Step 3** 따라서 제이와 알알이가 차례대로 각자의 등에 붙어있는 포스트잇의 색을 모르겠다고 답했으면 상상이의 등에 붙어있는 포스트잇의 색은 검은색으로 결정되게 됩니다.
알알이와 제이의 등에 붙어있는 포스트잇의 색은 판별할 수 없습니다.

정답 : 풀이과정 참조 / 풀이과정 참조 / 검은색

**확인하기**

A라는 친구가 무우, 상상, 알알, 제이 4명의 친구에게 흰색 포스트잇 3개, 검은색 포스트잇 4개를 이용하여 대표문제의 상황과 같이 장난을 쳤습니다. 무우는 제이보다 높은 곳에 있어서 모두를 볼 수 있고 나머지 상황은 대표문제와 같으므로 높은 위치 순은 무우, 제이, 알알, 상상 순입니다. 집에 돌아온 친구들을 모아놓고 A와 친구들이 한 대화가 아래와 같습니다. 제이의 등에 붙은 포스트잇의 색은 무슨 색일지 구하세요.

A : 무우야, 넌 나머지 애들 등에 붙어있는 포스트잇의 색을 모두 봤는데 너 등에 붙은 포스트잇의 색을 알 수 있어?

**무우** : 아니, 난 알 수 없어.

A : 무우는 모른다는데, 제이 너는 너 등에 붙은 포스트잇의 색을 알 수 있어?

**제이** : 응! 나는 알 수 있어.

# 2 대표문제

## 2. 복잡한 조건 추리

노을을 본 무우와 친구들은 저녁을 먹기 위해 맛집 4곳에서 각각 음식과 음료를 1개씩 포장해와서 함께 먹으려 합니다. 친구들이 사온 것이 아래와 같을 때, 각 친구들이 무슨 색 간판집에서 어떤 음식과 음료를 사왔는지 구하세요.

㉠ 4명의 친구들은 4곳의 맛집 중 각각 한 곳씩을 정해서 서로 다른 음식과 음료를 사옵니다.

㉡ 사오는 음식은 스테이크, 파스타, 햄버거, 빵이고 음료는 물, 우유, 콜라, 오렌지 주스입니다.

㉢ 4곳의 맛집은 일렬로 나열되어 있습니다.

㉣ 맛집의 간판은 각각 빨강, 파랑, 초록, 노랑색입니다.

㉤ 상상이는 첫 번째 집에서 음식과 음료를 삽니다.

㉥ 초록색 간판집은 빨강색 간판집의 바로 오른쪽에 있습니다.

㉦ 파란색 간판집은 상상이가 산 음식점의 바로 옆에 있고 오렌지 주스를 팔지 않습니다.

㉧ 노란색 간판집에 간 사람은 스테이크와 물을 사옵니다.

㉨ 햄버거와 우유, 오렌지 주스는 서로 다른 음식점에서 사옵니다.

㉩ 콜라는 빨강색 간판집에서 사옵니다.

㉪ 무우는 콜라를 사오고 알알이는 파스타를 사옵니다.

㉫ 제이는 상상이와 무우가 간 음식점의 사이에 있는 음식점에서 빵을 사옵니다.

**Step 1** 개별 조건에서 알 수 있는 정보로 표를 채우세요.

| | 1번째 집 | 2번째 집 | 3번째 집 | 4번째 집 |
|---|---|---|---|---|
| 간판 색 | | | | |
| 방문한 사람 | | | | |
| 사온 음식 | | | | |
| 사온 음료 | | | | |

**Step 2** 각 음식점의 간판색과 사온 음식, 음료는 겹칠 수 없다는 조건을 이용해서 표의 나머지 부분을 채우세요.

**Step 3** 친구들이 각각 무슨 색 간판집에서 어떤 음식과 음료를 사왔는지 구하세요.

풀이

**문제 해결 TIP**

얻어내는 조건들을 이용해 표를 완성합니다.

**Step 1** 개별 정보에서 얻는 정보로 표를 채웁니다.

① ㉤에서 상상이는 첫 번째 간판집에 갔습니다.

② ㉦ 파란색 간판집은 상상이가 산 음식점의 바로 옆이므로 2번째 집입니다.

| | 1번째 집 | 2번째 집 | 3번째 집 | 4번째 집 |
|---|---|---|---|---|
| 간판 색 | | 파란색 | | |
| 방문한 사람 | 상상이 | | | |
| 사온 음식 | | | | |
| 사온 음료 | | | | |

**Step 2** 2가지 이상의 조건에서 얻는 정보로 표를 채웁니다.

① ㉥ 초록색 간판집은 빨강색 간판집의 바로 오른쪽에 있으므로 각각 3번째, 4번째 집입니다. 따라서 1번째는 노란색 간판입니다.

② ㉧ 노란색 간판에서는 스테이크와 물을 사옵니다.

③ ㉨ 콜라는 빨강색 간판집에서 사옵니다.

④ ㉠ 무우는 콜라를 사오므로 무우는 3번째 집에서 사온 것이 됩니다.

⑤ ㉢ 제이는 상상이와 무우가 간 음식점의 사이에 있는 음식점을 간 것이므로 제이는 2번째 집을 간 것입니다.

⑥ ㉦ 파란색 간판집에선 오렌지 주스를 팔지 않으므로 우유를 사온 것입니다. ㉨ 따라서 햄버거는 3번째 집에서 사온 것입니다.

| | 1번째 집 | 2번째 집 | 3번째 집 | 4번째 집 |
|---|---|---|---|---|
| 간판 색 | 노란색 | 파란색 | 빨강색 | 초록색 |
| 방문한 사람 | 상상이 | 제이 | 무우 | |
| 사온 음식 | 스테이크 | 빵 | 햄버거 | |
| 사온 음료 | 물 | 우유 | 콜라 | |

**Step 3** 따라서 각 친구들이 간 음식점과 사온 음식, 음료는 아래의 표와 같습니다.

| | 1번째 집 | 2번째 집 | 3번째 집 | 4번째 집 |
|---|---|---|---|---|
| 간판 색 | 노란색 | 파란색 | 빨강색 | 초록색 |
| 방문한 사람 | 상상이 | 제이 | 무우 | 알알 |
| 사온 음식 | 스테이크 | 빵 | 햄버거 | 파스타 |
| 사온 음료 | 물 | 우유 | 콜라 | 오렌지주스 |

**확인하기**

무우와 친구들이 묵는 게스트하우스에서는 월요일 ~ 금요일까지 아침, 점심, 저녁이 모두 제공됩니다. 메뉴는 한식, 일식, 중식, 양식, 특식 총 5가지입니다. 일주일 식단표를 짜는 <조건>이 아래와 같을 때, 식단표를 짤 수 있는 경우의 수를 구하세요.

**조건**

㉠ 하루에 제공되는 3번의 식사는 모두 다른 종류여야 합니다.

㉡ 한식이 제공되는 날의 2일 후 같은 시간대에는 한식이 제공됩니다.

(예) 월요일 점심이 한식이면 수요일 점심은 한식

㉢ 이틀 연속으로 같은 시간대에 같은 메뉴가 제공되지 않습니다.

㉣ 특식은 화요일 점심과 목요일 점심에만 제공됩니다.

㉤ 한식은 매일 제공됩니다.

㉥ 특식이 제공되는 날 아침은 양식이 제공됩니다.

# 2 연습문제

01 무우는 상상이, 알알이, 제이에게 흰색 포스트잇 2개와 검은색 포스트잇 3개를 보여준 뒤 각자의 등 뒤에 1개씩 붙였습니다. 자신을 제외한 나머지 2명의 등에 붙어있는 포스트잇의 색을 확인하게 한 후 셋에게 본인의 등 뒤에 붙은 포스트잇의 색을 물어봤는데 처음엔 모두 모르다가 잠시 생각한 후 세 명이 동시에 본인의 등에 붙은 포스트잇의 색을 맞추었습니다. 이 세 명은 어떻게 본인의 등 뒤에 붙은 포스트잇의 색을 맞출 수 있었고 붙어있는 색은 무엇일까요?

02 A ~ G 7명은 ⓐ 문제를 푸는 사람 또는 ⓑ 문제를 푸는 사람으로 구성되어 있습니다. 아래 <조건>에 따라 ⓐ 문제를 푸는 사람을 모두 구하세요.

**조건**

㉠ 한 문제는 최대 4명까지만 풀게 됩니다.

㉡ A와 E는 같은 문제를 풉니다.

㉢ C 와 G는 다른 문제를 풉니다.

㉣ A와 G는 같은 문제를 풀고 B는 A와 다른 문제를 풉니다.

㉤ E 와 D는 다른 문제를 풀고 E 와 F는 같은 문제를 풉니다.

㉥ F는 ⓑ 문제를 풉니다.

정답 및 풀이 P.07

**03** A, B, C, D, E 5명은 서로 다른 5개의 영재교육원에 시험을 보러 갑니다. 조건이 아래와 같을 때, 시험보러 가는 영재교육원이 확실히 결정되는 학생을 구하세요.

**조건**

㉠ 서로 다른 영재교육원은 각각 ⓐ, ⓑ, ⓒ, ⓓ, ⓔ입니다.

㉡ 5개의 영재교육원 시험 중 3개는 오전에 시험을 보고 2개는 오후에 시험을 봅니다.

㉢ 오전에 보는 3개의 시험과 오후에 보는 2개의 시험은 각각 같은 시간대에 시험을 봅니다.

㉣ C, D는 같은 시간대에 시험을 봅니다.

㉤ ⓑ는 오전에 시험을 보지 않고 E가 시험을 보러 갑니다.

㉥ ⓐ는 ⓓ보다 먼저 시험을 진행합니다.

㉦ C는 ⓒ, ⓔ로 시험을 보러 가지 않습니다.

㉧ A는 C와 다른 시간대에 시험을 봅니다.

**04** 무우, 상상이, 알알이가 A, B, C, D 4개의 영화를 보려고 합니다. 1일부터 3일까지 3일 동안 <보기>와 같이 영화를 보았을 때, 무우가 C 영화를 보았다면 상상이가 안 본 영화는 무엇인지 구하세요.

**보기**

㉠ 하루에 하나의 영화만 볼 수 있습니다.

㉡ 하나의 영화를 이틀 연속으로 본 사람은 없고 같은 날에는 각각 다른 영화를 봅니다.

㉢ 세명은 모두 B 영화를 보았습니다.

㉣ 무우는 1일에 B 영화를 봤고 3일에는 알알이가 1일에 본 영화를 보았습니다.

㉤ 상상이는 2일에 B영화를 보았습니다.

㉥ 알알이는 A영화를 보지 않았습니다.

# 2 연습문제

**05** 수학 문제 A, B와 영어 문제 C, D, 국어 문제 E, F 총 6개의 문제를 서로 다른 과목 문제끼리 2문제씩 묶어서 3개의 쪽지시험을 만들었습니다. 이 쪽지시험을 ⓐ, ⓑ, ⓒ, ⓓ, ⓔ, ⓕ 총 여섯명이 〈조건〉에 따라 풀게 될 때, ⓐ ~ ⓕ가 푸는 문제는 각각 무엇일까요?

**조건**

㉠ 하나의 쪽지시험은 2명이 풀게 되고, 한 사람은 하나의 쪽지시험만 풉니다.

㉡ ⓐ는 수학 문제 B를 풀고 ⓑ, ⓒ는 수학 문제 B를 풀지 않습니다.

㉢ ⓒ와 ⓔ는 영어 문제 D를 풉니다.

㉣ ⓐ는 영어 문제가 포함되지 않은 쪽지시험을 보고 ⓕ는 수학 문제가 포함되지 않은 쪽지시험을 봅니다.

㉤ ⓑ는 국어 문제 E를 풀고 ⓓ는 수학 문제 A를 풀지 않습니다.

**06** 무우, 상상이, 알알이, 제이 4명은 토요일과 일요일 이틀 동안 체험 학습에 참여했습니다. 참여하는 체험 학습에 따라 금액은 달랐는데 본인이 참여한 학습 비용은 본인이 부담하기로 하였습니다. 나중에 4명이 체험 학습에 참여하는데 드는 총 비용을 계산해보니 토요일과 일요일 각각 10만원이었습니다. 〈조건〉을 모두 생각했을 때, 무우가 이틀 동안 체험학습 하는데 낸 최소 금액을 구하세요.

**조건**

㉠ 무우는 토요일과 일요일 모두 제이보다 1만원씩 더 썼습니다.

㉡ 알알이는 토요일 체험 학습하는데 1만 5천원을 냈습니다.

㉢ 상상이는 이틀 동안 총 3만원을 냈습니다.

㉣ 일요일에 무우와 알알이가 낸 금액은 7만원입니다.

㉤ 체험 학습하는데 내는 금액은 5천원 단위이고 4명 모두 하루에 1개 이상의 체험 학습에 참여했으며 무료인 체험 학습은 없습니다.

**07** 6명의 친구 A, B, C, D, E, F가 달리기 시합을 하였습니다. <조건>을 생각했을 때, 각 친구들의 순위를 구하세요.

**조건**

㉠ 결승선을 동시에 통과한 사람은 없습니다.

㉡ D와 F의 순위 사이에는 2명이 있습니다.

㉢ C는 1등을 하지 못했습니다.

㉣ E는 B의 바로 다음 순서로 결승선을 통과했습니다.

㉤ 2등을 한 사람은 A 또는 B입니다.

㉥ F는 A보다 늦게 결승선을 통과했습니다.

**08** 그림과 같이 벽을 사이에 두고 죄수자들이 모자를 쓰고 앉아 있습니다. 죄수자들은 현재 바라보고 있는 방향만 볼 수 있고 총 모자의 개수가 흰색 2개, 검은색 2개라는 것을 알고 있습니다. 간수는 A, C에게는 검은색 모자를 씌우고 B, D에게는 흰색 모자를 본인들은 모르게 씌운 뒤 한 가지 내기를 하였습니다. 그 내기는 본인의 모자의 색을 맞추면 사면시켜 주고 틀리면 복역기간이 늘어나는 것이었는데, 이 4명의 죄수 중 어떤 죄수자가 자신이 쓴 모자의 색을 맞출 수 있을지 구하세요.

# 2 심화문제

**01** 서로 키가 다른 8명의 논리학자들이 앞에서부터 키가 작은 순서대로 일렬로 앞사람을 보고 서있습니다. 무우는 이 사람들에게 본인들은 모르도록 흰색 또는 검은색 모자를 씌웠습니다. 8명의 논리학자들은 본인보다 키가 작은 사람들이 쓰고 있는 모자의 색만 볼 수 있습니다. 키가 가장 큰 사람부터 차례대로 본인이 쓰고 있는 모자의 색을 말해야 하는데 이 8명의 논리학자들은 본인들만의 룰을 이용해서 무우가 어떻게 모자를 씌우더라도 반드시 7명 이상이 본인의 모자 색깔을 맞췄습니다. 이 논리학자들은 어떤 룰을 이용해 대답을 한 것일지 구하세요.

정답 및 풀이 P.10

**02** A, B, C, D, E, F, G, H 8명은 각각 1 ~ 8반 중 한 반의 대표입니다. 이들은 토너먼트 룰을 정하고 <보기>와 같이 팔씨름 시합을 했습니다. A~ H 가 각각 몇 반 대표인지 구하세요.

**보기**

㉠ 1세트부터 7세트까지 차례대로 한 경기씩 진행됩니다.

㉡ 1세트에서 E는 8반 대표와 시합했습니다.

㉢ B는 지각을 해서 1세트가 끝날 때 도착했습니다.

㉣ 2세트에서 4반 대표와 7반 대표가 시합했습니다.

㉤ 3반 대표는 3세트에서 기권했습니다.

㉥ C는 4세트에서 기권했습니다.

㉦ 7반 대표는 5세트에서 졌습니다.

㉧ 3세트에서 5반 대표는 A를 이겼습니다.

㉨ 6세트에서 B는 D를 이겼습니다.

㉩ G는 우승했습니다.

㉪ F는 H, G 와 경기를 했습니다.

㉫ 6반 대표는 1반 대표와 첫 번째 경기를 했고 총 3 경기를 했습니다.

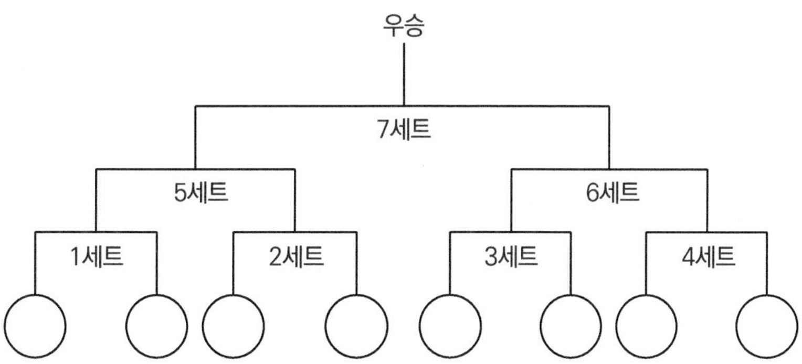


〈토너먼트〉

# 2 심화문제

**03** A, B, C, D, E 5명은 <보기>와 같이 서로 다른 색깔의 집에서 서로 다른 음료를 마시고 서로 다른 운동을 하며 서로 다른 애완동물을 키우고 있습니다. A~ E가 사는 집의 색, 마시는 음료, 하는 운동, 키우는 동물을 모두 구하세요.

· 집의 색은 빨간색, 노란색, 초록색, 파란색, 흰색 입니다.
· 음료의 종류는 물, 우유, 커피, 녹차, 오렌지 주스 입니다.
· 운동의 종류는 축구, 농구, 야구, 줄넘기, 달리기 입니다.
· 애완동물의 종류는 개, 고양이, 거북이, 고슴도치, 햄스터 입니다.

보기

㉠ 어떤 두 사람도 집의 색, 마시는 음료, 하는 운동, 키우는 애완도움이 같지 않습니다.

㉡ 5 채의 서로 다른 색의 집은 일렬로 나열되어 있습니다.

㉢ A는 빨간색의 집에 살고 있습니다.

㉣ B는 개를 키웁니다.

㉤ 초록색 집에 사는 사람은 커피를 마시고 있습니다.

㉥ C는 녹차를 마시고 있습니다.

㉦ 초록색 집은 흰색집의 바로 오른쪽에 있습니다.

㉧ 농구를 하는 사람은 고양이를 키웁니다.

㉨ 노란색 집에 사는 사람은 축구를 합니다.

㉩ 정 가운데 흰색 집에 사는 B는 우유를 마시고 있습니다.

㉪ D는 가장 왼쪽 집에 살고 있습니다.

㉫ 줄넘기는 하는 사람의 옆집에는 고슴도치를 키우는 사람이 삽니다.

㉬ 축구를 하는 사람의 옆집에 사는 사람은 거북이를 키웁니다.

㉭ 야구를 하는 사람은 오렌지 주스를 마십니다.

㉮ D의 옆집은 파란색 집입니다.

정답 및 풀이 P.12

## 04

A, B, C, D, E, F 6명은 〈보기〉의 조건에 따라 8개의 자리 중 6개의 자리에 앉기로 했습니다. B와 같은 줄에 앉는 학생을 모두 구하세요.

**보기**

㉠ 6명은 서로 마주보게 세팅되어 있는 8개의 자리에 서로 다른 한 자리를 앉습니다.

㉡ B는 A의 앞이나 바로 옆에 앉지 않습니다.

㉢ 빈 자리 2개는 한 줄에 모두 있을 수 없고 빈 자리는 가장 바깥쪽 자리여야 합니다.

㉣ B의 양옆자리는 빈자리가 아닙니다.

㉤ E 와 F는 마주보고 앉습니다.

㉥ 앞자리가 비어 있는 사람이 있습니다.

㉦ A와 D는 같은 줄에 앉습니다.

㉧ E 와 C는 다른 줄에 앉습니다.

| | | | | |
|---|---|---|---|---|
| | | | | ← 줄1 |
| | | | | ← 줄2 |

〈좌석〉

# 2 창의적문제해결수학

**01** 선생님에게는 흰색 모자 3개, 검은색 모자 2개, 빨간색 모자 1개 총 6개의 모자가 있습니다. 선생님은 이 6개의 모자를 무우, 상상, 알알, 제이 4명의 학생들에게 보여준 후 이 학생들을 칠판을 향해 무우, 상상, 알알, 제이 순으로 앞자리부터 뒷자리로 일렬로 앉히고 학생들이 보지 못하게 모자를 1개씩 씌워준 후 남은 2개의 모자는 보이지 않게 숨겼습니다. 일렬로 앉아 있는 학생들은 본인의 앞에 있는 학생들이 쓰고 있는 모자의 색을 확인할 수 있습니다. 선생님이 가장 뒷 자리에 있는 제이부터 차례로 모자의 색을 물어본 내용이 아래와 같을 때, 가장 앞 자리 학생 무우가 쓰고 있는 모자의 색을 구하세요.

**선생님 :** 제이야. 너는 너가 쓰고 있는 모자가 무슨 색인지 알 수 있니?

**제이 :** 아뇨. 잘 모르겠어요.

**선생님 :** 알알아. 제이는 모자색깔을 모르겠다는데 너는 알 수 있겠니?

**알알 :** 저도 알 수 없어요.

**선생님 :** 알알이랑 제이는 모자색을 모른다는데 상상이는 지금 쓰고 있는 모자의 색깔을 알 수 있겠어?

**상상 :** 저도 모르겠어요.

**선생님 :** 나머지 친구들이 다 모르겠다는데 무우는 알 수 있을까?

**무우 :** 네! 친구들이 다 모르면 저는 알 수 있어요!

02
창의융합문제

산책중인 무우와 친구들
이제 슬슬 숙소로 돌아가야 하는데~
앗! 그런데 숙소로 가는 길이 어디였더라?
돌아가서 쉬고 싶어~
길을 잃을 지도 몰라~
저 두 사람에게 길을 물어보는 건 어때?
좋아! 어서 물어보자.
마침 잘 됐다!

무우와 친구들이 길을 물어보기로 한 두 사람 중 1명은 항상 참말만 말하고 나머지 1명은 항상 거짓말만 말하는 사람으로 구성되어 있었습니다. 무우와 친구들은 어떤 사람이 참말을 말해주는 사람인지 알지 못합니다. 이 2명 중 1명에게 단 한 번의 질문만 해서 숙소로 가는 길을 알아내기 위해선 어떤 질문을 해야할 지 적으세요.

그리스에서 둘째 날 모든 문제 끝!
델피로 이동하는 무우와 친구들에게 어떤 일이 일어날까요?

# 무게와 질량

무게란 지구가 물체를 당기는 힘을 뜻하고 질량은 물체가 가지고 있는 고유한 양을 뜻합니다. 아래와 같은 상황일 때, 무우와 상상이 중 누구의 말이 맞는지 생각하세요.

**아저씨 :** 몸무게가 너무 많이 늘어서 슬슬 다이어트를 해야할 것 같은데….

**무우 :** 아저씨, 달에 가면 중력이 지구의 $\frac{1}{6}$ 밖에 안되서 몸무게도 $\frac{1}{6}$ 로 줄어드니까 다이어트를 할 필요가 없어요!

**상상 :** 아니야. 몸무게는 줄어도 아저씨의 질량은 그대로니까 달에 가더라도 다이어트는 하셔야 해!

높은 고산지대에 올라가서 체중을 재보거나 움직이는 엘레베이터 안에서 체중을 재보면 마찬가지로 체중이 변하는 것을 볼 수 있습니다. 질량은 이와는 다르게 장소, 위치에 따라 변하는 값이 아닌 물체의 고유한 성질이기 때문에 위의 대화에서는 상상이가 맞는 말을 한 것입니다.

# 3. 다른 질량 찾기

*신탁 : 신이 사람을 통해 사람의 물음에 대답하는 일.

델피로 이동하는 무우와 친구들
델피는 델포이라고도 불리는 도시라고 해.
이곳도 아테네 만큼 유적이 많다고 하던데?
맞아! 고대 그리스에선 *신탁을 받는 장소이기도 했대.
신기하다~
오오..
고대 그리스에 이용됐던 신전의 흔적이 많이 남아 있다고 해.
그래서 유적이 많은 거구나?
아하!
맞아! 고대 유적과 관련된 기념품도 많이 팔고 있다고 해.
기념품 사러 가고 싶어~!
궁금해!

그리스
Greece
델피
아테네
산토리니

## 그리스 셋째 날 DAY 3

무우와 친구들은 그리스에 가는 셋째 날, <델피>에 도착했어요. 무우와 친구들은 셋째 날에 <델피 고고학 박물관>, <프로나이아 성역>을 여행할 예정이에요. <델피> 에서 만날 수학 문제에는 어떤 것들이 있을까요?

# 3 단원 살펴보기

▶다른 질량 찾기

**궁금해요 ?**

무우와 친구들은 버스에서 간식으로 먹을 타코야끼 8개를 2개씩 나눠먹으려 합니다. 무우는 가장 큰 타코야끼 2개를 먹고 나머지 6개를 친구들에게 남겨주려고 하는데 어떤 게 큰 타코야끼인지 눈으로는 구별이 가지 않았습니다. 8개의 타코야끼를 여러 개씩 묶어서 양팔 저울로 비교를 해본 결과가 아래와 같았습니다. 8개의 타코야끼 중 6개는 서로 질량이 같고 남은 2개도 서로 질량이 같지만 나머지 6개보다는 질량이 클 때, 이 중 질량이 큰 2개의 타코야끼를 구하세요.

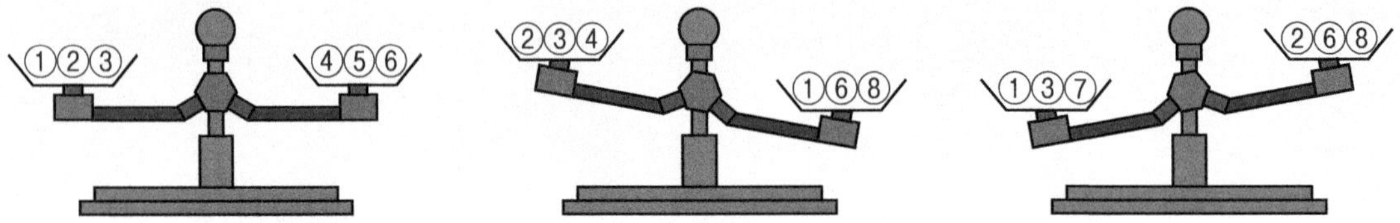


## 1 질량 비교하기

**1.** **질량**은 〈그림〉과 같은 양팔 저울을 이용해서 잽니다.
양팔 저울은 수평 잡기의 원리를 이용해서 무게를 비교하는 것으로 무게를 알지 못하는 두 물체 A, B를 양팔 저울의 양 손에 각각 올려놓으면 반드시 3가지 경우가 나오게 됩니다.

〈그림〉

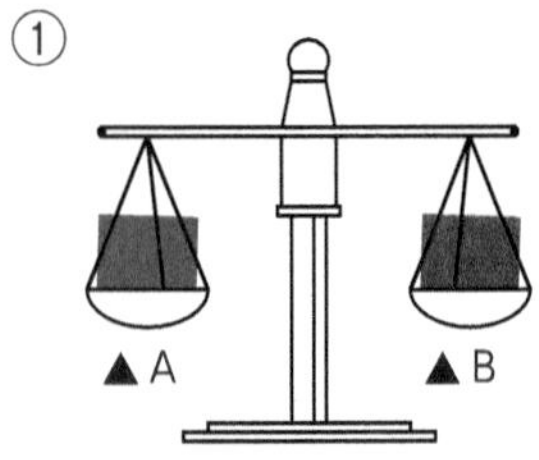

수평을 이루는 경우

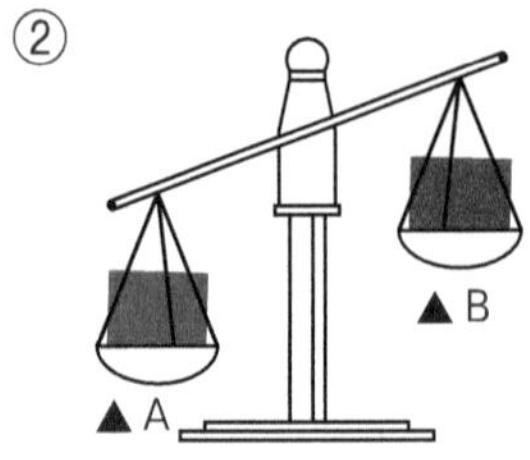

A가 내려가는 경우

B가 내려가는 경우

→ A와 B의 질량이 같습니다.

→ A의 질량이 B의 질량보다 무겁습니다.

→ B의 질량이 A의 질량보다 무겁습니다.

## 2. 양팔 저울을 최소 횟수로 사용해서 무게가 다른 1개를 찾아 내는 방법

**예시문제** **A, B, C 3개의 추는 모양과 크기는 같지만 질량이 가벼운 추가 1개 포함되어 있습니다. 질량이 가벼운 추를 찾아내기 위한 양팔 저울의 최소 이용 횟수는 몇 회일까요?**

**풀이** 3개의 추 중 임의로 2개의 추를 골라서 무게를 비교하도록 합니다.

A, B를 골라 양팔 저울에 무게를 비교했을 때

① 수평을 이룬다면 C가 질량이 가벼운 추가 됩니다.

② 수평을 이루지 않는다면 저울이 올라가는 쪽에 있는 추가 질량이 가벼운 추 입니다.

➡ 따라서 질량이 가벼운 1개의 추가 포함되어 있는 3개의 추 중 가벼운 추를 찾아내기 위해선 양팔 저울을 1 회만 사용하면 됩니다.

## 3. 양팔 저울을 최소 횟수로 사용해서 무게를 순서대로 나열하는 방법

**예시문제** **서로 질량이 다른 3개의 추 A, B, C를 질량이 가벼운 순으로 나열하기 위해선 양팔 저울을 최소 몇 회 이용해야 할까요?**

**풀이** 3개의 추 중 임의로 3개의 추를 골라서 무게를 비교합니다.

A, B를 골라서 비교하면 A ＜ B, A ＞ B 중 한 가지가 나오게 됩니다.

① A ＜ B 인 경우, B와 C를 비교했을 때 B ＜ C 라면 3개의 추의 질량은 A ＜ B ＜ C 로 결정될 수 있지만 B ＞ C 라면 A와 C를 다시 비교해야 합니다. 따라서 이 경우 3개의 추를 질량 순으로 나열하기 위해선 양팔 저울을 최소 3 회 사용해야 합니다.

② A ＞ B 인 경우도 ①과 마찬가지로 3개의 추를 질량순으로 나열하기 위해선 양팔 저울을 최소 3회 사용해야 합니다.

➡ 따라서 서로 질량이 다른 3개의 추를 질량순으로 나열하기 위해선 양팔 저울을 최소 3 회 사용해야 합니다.

**정답**

1. (①, ②, ③)의 질량과 (④, ⑤, ⑥)의 질량이 같으므로 질량이 큰 2개는 아래와 같이 경우를 나누어서 구하도록 합니다.
   i . 질량이 큰 2개가 ⑦, ⑧인 경우
   ii . 질량이 큰 2개가 (①, ②, ③) 중 1개, (④, ⑤, ⑥) 중 1개 포함되어 있는 경우
2. 질량이 큰 2개가 ⑦, ⑧ 이라면 세 번째 양팔 저울에서 (①, ③, ⑦)의 질량과 (②, ⑥, ⑧)의 질량이 같아야 합니다. 하지만 결과는 (①, ③, ⑦)의 질량이 더 무거웠으므로 이 경우는 모순입니다.
3. 질량이 큰 2개가 (①, ②, ③) 중 1개, (④, ⑤, ⑥) 중 1개 포함되어 있는 경우
   i . ①이 질량이 큰 타코야끼일 경우
   양팔 저울로 측정한 세 가지 결과를 모두 만족하기 위해선 질량이 큰 나머지 1개는 ⑤가 되어야 합니다.
   ii . ②이 질량이 큰 타코야끼일 경우
   두 번째 양팔 저울 결과에서 모순입니다.
   iii . ③이 질량이 큰 타코야끼일 경우
   두 번째 양팔 저울 결과에서 모순입니다.
4. 따라서 질량이 큰 2개의 타코야끼는 ①, ⑤가 됩니다.

# 3 대표문제

## 1. 무게가 다른 물체 찾기

델피 고고학 박물관
두둥~
델피 고고학 박물관은 그리스에서 손꼽히는 박물관이야!
델피 유적지에서 발굴된 유물이 전시되어 있겠지?
저기 봐! 문제를 맞추면 박물관에 무료로 입장할 수 있대.
어서 가보자!
무료 입장 이벤트
아래에 적힌 문제를 풀면 무료로 입장할 수 있어요!
우리도 문제를 맞히고 무료로 입장해 보자!
어떤 문제일까?

무료 입장 이벤트의 내용이 아래와 같을 때, 다음 물음에 답하세요.

> 책상 위에는 유적지에서 나온 돌을 가공해서 똑같아 보이는 돌멩이를 26개 만들어놓았습니다. 하지만 이 중 1개는 나머지 25개의 돌멩이보다 가벼운 돌멩이입니다. 나머지 25개의 돌멩이의 무게는 서로 같습니다. 책상 위에 있는 양팔 저울을 최소 횟수로 이용해서 가벼운 돌멩이를 찾기 위해선 양팔 저울을 몇 번 이용해야 하는지 맞춰 보세요.

크기와 모양이 같은 26개의 돌멩이가 있는데 이 중 25개는 무게가 같고 남은 1개는 나머지 25개에 비해 무게가 가볍습니다. 양팔 저울을 최소 횟수로 사용해서 가벼운 돌멩이를 찾는 방법을 설명하고 최소 횟수를 구하세요.

**Step 1** 26개의 돌멩이를 9개, 9개, 8개씩 3 묶음으로 나눠서 저울을 달아보는 것을 생각하세요.

**Step 2** **Step 1** 의 3개의 묶음 중 가벼운 돌멩이가 포함되어 있는 묶음에서 가벼운 돌을 찾는 방법을 생각하세요.

**Step 3** 양팔 저울을 사용해서 26개의 돌멩이 중 가벼운 1개의 돌멩이를 찾기 위한 최소 횟수를 구하세요.

풀이

**문제 해결 TIP**

26개의 돌멩이를 3개의 묶음으로 나누어서 생각해 보도록 합니다.

**Step 1** 26개의 돌멩이를 9개, 9, 개, 8개로 나눠서 9개짜리 두 묶음을 양팔 저울에 달아보도록 합니다. 이 경우 가벼운 돌이 포함된 묶음은 아래와 같이 2가지 경우로 나눠서 찾도록 합니다.
① 9개짜리 두 묶음이 수평을 이루는 경우
② 9개짜리 두 묶음을 올렸을 때 한쪽으로 기울어지는 경우

**Step 2** ① 9개짜리 두 묶음이 수평을 이루는 경우
이 경우 8개짜리 묶음에 가벼운 돌멩이가 포함되어 있다는 것이 됩니다.
이 8개의 돌멩이를 3개, 3개, 2개로 나눠서 3개짜리 두 묶음을 양팔 저울에 달아봅니다.
ⅰ. 3개짜리 두 묶음이 수평을 이룬다면 나머지 2개 중 가벼운 돌이 포함되어 있다는 것이고 그 2개를 양팔 저울에 올려봤을 때, 올라가는 쪽이 가벼운 돌이 됩니다.
ⅱ. 3개짜리 두 묶음을 올렸을 때 한쪽으로 기울어진다면 올라가는 쪽에 가벼운 돌이 포함되어 있는 것이 됩니다. 올라가는 3개의 돌 중 2개를 양팔 저울에 달았을 때, 수평을 이루면 나머지 1개가 가벼운 돌이고 기운다면 올라가는 쪽에 있는 돌이 가벼운 돌이 됩니다.

② 9개짜리 두 묶음을 올렸을 때 한쪽으로 기울어지는 경우
올라가는 쪽에 있는 9개짜리 묶음에 가벼운 돌멩이가 포함되어 있다는 것이 됩니다.
이 9개의 돌멩이를 3개, 3개, 3개로 나눠서 그 중 두 묶음을 양팔 저울에 달아봅니다.
ⅰ. 수평을 이룬다면 나머지 3개짜리 한 묶음에 가벼운 돌이 포함된 것이고 그 중 2개를 양팔 저울에 달아봤을 때, 수평이면 나머지 1개가 가벼운 돌이고 기울어지면 올라가는 쪽에 있는 돌이 가벼운 돌입니다.
ⅱ. 기울어진다면 올라가는 쪽에 있는 3개짜리 한 묶음에 가벼운 돌이 포함된 것이고 그 중 2개를 양팔 저울에 달아봤을 때, 수평이면 나머지 1개가 가벼운 돌이고 기울어지면 올라가는 쪽에 있는 돌이 가벼운 돌입니다.

**Step 3** 위와 같은 방법으로 질량을 재면 어떠한 경우라도 3번만 잰다면 26개의 돌멩이 중 가벼운 1개의 돌멩이를 찾을 수 있습니다.

정답 : 풀이과정 참조 / 풀이과정 참조 / 3회

**확인하기**

12개의 크기와 모양이 같은 동전이 있습니다. 이 중 11개는 질량이 같고 나머지 1개는 11개의 동전보다 질량이 크다고 할 때, 양팔 저울을 3번만 사용해서 질량이 큰 동전을 찾는 방법을 설명하세요.

## 3 대표문제

### 2. 무게 순으로 나열하기

프로나이아 성역
멋지다~
원래는 신전 건물이 있었는데, 지금은 건물 기초와 기둥만 남아 있대.
여기가 델피를 대표하는 유적지구나!
가까이 가서 보자!
저기 봐!
저쪽에 똑같이 생긴 기둥 4개가 나란히 있네.
짜잔~
기둥의 질량도 모두 같을까?
한 번 알아보자!

서로 다른 질량을 가진 4개의 기둥이 있습니다. 양팔 저울을 이용해 이 4개의 기둥을 질량 순서대로 나열하기 위해서는 최소 몇 번 양팔 저울을 사용해야할 지 구하세요.

**Step 1** 서로 다른 질량을 가진 3개의 기둥을 질량 순서로 나열하기 위한 양팔 저울의 최소 사용 횟수를 구하세요.

**Step 2** 질량 순서가 정해진 3개의 기둥과 나머지 1개의 기둥의 질량을 비교할 때, 양팔 저울을 최소로 사용하기 위한 방법을 적으세요.

**Step 3** 서로 다른 질량을 가진 4개의 기둥을 질량 순서대로 나열하기 위한 양팔 저울의 최소 횟수를 구하세요.

**풀이**

**Step 1** 서로 다른 질량을 가진 3개의 기둥 A, B, C를 질량 순서로 나열하기 위해서 아래와 같이 서로를 비교해보도록 합니다.

① A < B, B < C 인 경우 : 양팔 저울을 총 2번 사용하여 A < B < C를 찾아낼 수 있습니다.

② A < B, B > C 인 경우 : A와 C의 질량 순서를 알 수 없으므로 양팔 저울을 1번 더 사용해야 합니다. 따라서 양팔 저울은 총 3번 사용됩니다.

③ A > B, B < C 인 경우 : ②와 마찬가지의 이유로 질량 순서를 정하기 위해선 양팔 저울은 총 3번 사용됩니다.

④ A > B, B > C 인 경우 : ①과 마찬가지의 이유로 질량 순서를 정하기 위해선 양팔 저울은 총 2번 사용됩니다.

따라서 모든 경우에 질량 순서를 알기 위해선 양팔 저울은 최소 3번 사용되어야 합니다.

**Step 2** 질량 순서가 A < B < C 로 정해져 있는 A, B, C 와 D의 질량 비교를 하기위해선 아래와 같이 비교하도록 합니다.

① A또는 C 와 먼저 비교를 했을 때, A < D 이거나 D < C 라면 나머지 질량 순서를 찾기 위해선 양팔 저울을 총 3번 사용하는 것이 됩니다.

② B와 먼저 비교를 한다면 B < D 이거나 D < B 경우 상관 없이 양팔 저울을 총 2번만 사용하면 4개를 질량 순서대로 나열할 수 있게 됩니다.

따라서 B와 비교를 하는 것이 양팔 저울을 더 적은 횟수로 사용하게 됩니다.

**Step 3** 따라서 서로 다른 질량을 가진 4개의 기둥을 질량 순서대로 나열하기 위해선 양팔 저울을 최소 3 + 2 = 5번 사용해야 합니다.

정답 : 풀이과정 참조 / 풀이과정 참조 / 5회

**확인하기**

서로 질량이 다른 ㉠, ㉡, ㉢, ㉣ 가 있습니다. 양팔 저울을 사용해서 질량을 쟀을 때의 결과가 ㉠ < ㉡, ㉢ > ㉠, ㉡ < ㉣ 였습니다. 양팔 저울을 2번 더 사용해서 질량 순서를 정하기 위해선 무엇과 무엇을 비교해야할 지 적으세요.

# 3 연습문제

01 양팔 저울만을 이용해서 160g의 소금에서 35g의 소금을 정확하게 덜어내기 위해선 양팔 저울을 최소한 몇 번 사용해야 하는지 적으세요.

02 크기와 모양이 같은 조각품 6개가 있습니다. 이 중 2개는 모조품으로 나머지 4개의 진품에 비해 가볍습니다. 양팔 저울을 이용해 이 2개의 모조품을 찾아내기 위해선 양팔 저울을 최소 몇 번 사용해야 하는지 적으세요.

03 무우는 219g의 밀가루를 양팔 저울과 4g 추 1개, 11g 추 1개를 이용해서 정확하게 50g을 덜어내려 합니다. 양팔 저울을 2번만 이용해서 50g의 밀가루를 덜어내는 방법을 적으세요.

정답 및 풀이 P.14

**04** 서로 질량이 다른 34개의 구슬 중 가장 질량이 큰 구슬을 찾기 위해선 양팔 저울을 최소 몇 번 사용해야 하는지 구하세요.

**05** 크기와 모양이 같은 동전 21개가 있습니다. 이 중 20개는 질량이 같고 나머지 불량 동전 1개는 질량이 다릅니다. 양팔 저울을 2번만 이용해서 이 불량 동전이 나머지 동전들보다 무거운지 가벼운지 판별할 수 있는 방법을 적으세요.

# 3 연습문제

**06** 서로 질량이 다른 동전 A, B, C, D, E가 있습니다. 이 동전들을 질량이 큰 순서대로 나열하기 위해선 양팔 저울을 최소 몇 번 사용해야 하는지 구하세요.

**07** 크기와 모양이 같은 구 5개가 있습니다. 이 중 3개는 100g 이고 나머지 2개는 각각 80g, 120g 입니다. 양팔 저울을 사용해서 80g, 120g 짜리 구 2개를 각각 골라내기 위해선 양팔 저울을 최소 몇 번 사용해야할지 적으세요.

정답 및 풀이 P.15

08 서로 다른 질량을 가진 3개의 추를 이용해서 1g 부터 13g까지 무게가 자연수인 13개의 무게를 모두 측정하려 합니다. 필요한 추의 무게를 구하세요.

09 서로 다른 질량을 가진 50개의 구슬 중 2번째로 질량이 큰 구슬을 찾기 위해선 양팔 저울을 최소 몇 번 사용해야 하는지 구하세요.

# 3 심화문제

01 크기와 모양이 똑같은 12개의 동전이 있습니다. 이 중 11개는 무게가 같고 불량 동전인 나머지 1개는 무게가 다릅니다. 양팔 저울을 최소 횟수로 사용하여 불량 동전을 찾는 방법을 적으세요.

**02** 노란색 별 2개, 빨간색 별 2개, 초록색 별 2개가 있습니다. 각 색깔의 별은 질량이 작은 별 1개와 질량이 큰 별 1개로 구성되어 있으며 각 색깔에서 질량이 작은 별들끼리의 질량은 같고 질량이 큰 별들끼리의 질량도 같습니다. 이 6개의 별들을 섞어 놓고 양팔 저울을 이용해서 질량이 작은 별과 큰 별로 나누기 위해선 양팔 저울을 최소 몇 번 사용해야할지 적으세요.

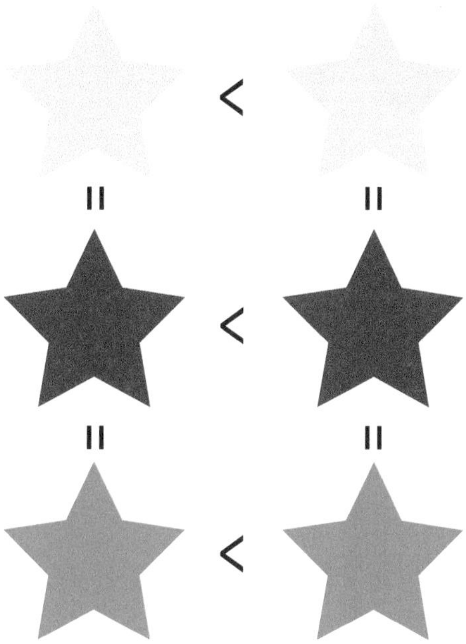

# 3 심화문제

**03** 크기와 모양이 같은 5개의 구슬이 있습니다. 빨간색 구슬은 각각 5g, 8g 이고 파란색 구슬도 각각 5g, 8g 이며 노란색 구슬은 5g 또는 8g 인데 알지 못합니다. 양팔 저울을 이용해서 모든 구슬의 무게를 알기 위해선 양팔 저울을 최소 몇 번 사용해야 하는지 구하세요.

정답 및 풀이 P.18

**04** 서로 다른 질량을 가진 7개의 구슬을 질량순으로 나열하기 위해선 양팔 저울을 최소 몇 번 사용해야 하는지 구하세요.

# 3 창의적문제해결수학

**01**

구슬이 들어있는 6개의 주머니 A, B, C, D, E ,F가 있습니다. 각 주머니에는 8개의 구슬이 들어있는데 5개의 주머니에는 10g 짜리 구슬들만 들어있고 1개의 주머니에는 9g 짜리 구슬들만 들어있습니다. 눈금이 있는 저울을 단 1번만 사용해서 9g 짜리 구슬만 들어있는 주머니를 찾는 방법을 설명하세요. (단, 각 주머니 속에 있는 구슬을 낱개로 빼서 저울에 올릴 수 있습니다.)

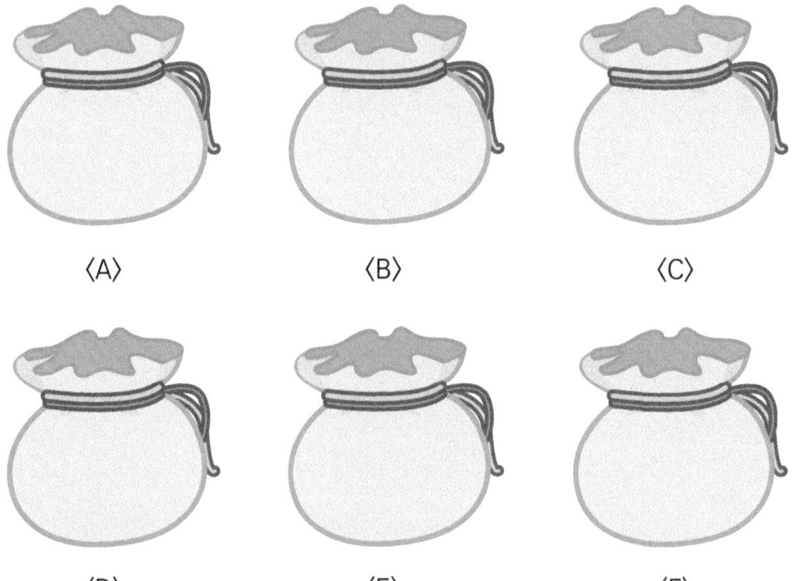

정답 및 풀이 P.19

## 02
창의융합문제

기념품점에 온 무우와 친구들
도착~!
기념품점이다! 선물로 뭘 사가는게 좋을까?
여기선 예전 그리스에서 쓰던 동전들을 팔고 있다고 해.
나도 옛날 동전을 사고 싶어~!
구경하러 가자!
6개의 동전을 팔고 있네! 그런데 모조품이 섞여 있다고..?
※주의※
모조품이 섞여있습니다.
진짜와 모조품을 어떻게 구분할 수 있지?
가짜 동전?

기념품점에서는 6개의 동전을 팔고 있었습니다. 이 중 3개는 진짜 동전이고 나머지 3개는 모조품인 가짜 동전입니다. 이 6개의 동전은 크기와 모양이 같아서 눈으로는 구별할 수 없습니다. 진짜 동전끼리는 서로 무게가 같고 모조품끼리도 서로 무게가 같은데 모조품은 진짜 동전에 비해 가볍다고 합니다. 양팔 저울을 이용해 6개의 동전 중 3개의 진짜 동전을 찾기 위해선 무우는 양팔 저울을 최소 몇 번 사용해야 할지 적으세요.

그리스에서 셋째 날 모든 문제 끝!
크레타로 이동하는 무우와 친구들에게 어떤 일이 일어날까요?

# 아이작 뉴튼?

1642년 한 농부의 아들로 태어난 아이작 뉴튼은 영국의 유명한 수학자이자 물리학자 입니다.

어느 날, 길을 가던 뉴튼은 목장에서 풀을 뜯어먹는 소를 보고 생각에 빠졌습니다. 소의 마리 수와 풀을 다 먹는 데 걸리는 날 수의 관계가 흥미롭다는 것을 발견한 뉴튼은 그의 저서 '보편 산수'에 이 계산법에 대해 기록하게 됩니다. 목장의 풀은 끊임없이 매일매일 자라나지만, 소의 마리 수에 따라 일정하게 줄어들기도 합니다. 이처럼 끊임없이 증가하며 단위 시간마다 일정하게 소비하는 것에 대한 계산법을 바로 '뉴튼산'이라고 합니다.

# 4. 뉴튼산

크레타 섬에 도착한 무우와 친구들
크레타섬은 그리스에서 가장 큰 섬이야.
그리스의 수많은 섬 중에 가장 크다니!
투어 가이드
그렇구나!
큰 섬이라 고대 문명이 엄청 발전한 곳이기도 하대. 이곳의 문명을 미노스 문명 이라고도 부르지!
박물관에 가면 미노스 문명의 유물을 볼 수 있을까?
여기서 볼 수는 없나?
크레타 섬에 남아있는 유적은 크노소스 궁전이 유명하대.
궁전이라고?
분명 엄청나게 멋진 궁전이겠지?
뭘 사는게 좋을까?
크레타 섬에서 만 파는 비누가 있다고 하던데?
어서 보러 가보자! 기념품도 사고~
궁금하지 않아?

그리스
Greece
델피
아테네
산토리니
크레타

## 그리스 넷째 날 DAY 4

무우와 친구들은 그리스에 가는 넷째 날, <크레타>에 도착했어요. 무우와 친구들은 넷째 날에 <크노소스 궁전>, <니코스 카잔차키스의 무덤>, <아라클리온 마을>을 여행할 예정이에요. 우선 <크노소스 궁전> 에서 만날 수학 문제를 알아보러 가볼까요?

# 4 단원 살펴보기

## 뉴튼산

궁금해요 ?

크노소스 궁전
여기가 궁전이야?
궁전이 성벽과 벽돌만 남았어!
굉장하지?
크노소스 궁전은 기원전 1400년까지 이용된 엄청 오래된 궁전이야.
많은 부분이 소실되었다가, 1900년대에 영국의 고고학자 에반스에 의해 복원되기 시작했대.
오랫동안 복원 중이래~
궁전 복원도 해야 하고, 매일 주변에 자라는 잡초도 뽑아줘야 겠네.
엄청 힘들겠다!

**궁전을 구경하던 무우와 친구들은 갑자기 궁금한 점이 생겼는데..?**

궁전 주변에는 매일 일정한 양의 잡초가 자라나고 있습니다. 궁전을 복원하기 위해선 이 잡초들을 모두 뽑아내야만 하는데, 잡초들을 모두 뽑아내는 데 인부 8명이 하면 20일, 인부 10명이 하면 12일이 걸린다고 할 때, 하루 동안에 자라나는 잡초의 양과 원래 있었던 잡초의 양은 각각 얼마일지 구하세요.

## 1 뉴튼산 계산법

**1. 뉴튼산** : 무엇인가 일정하게 끊임없이 증가하는 동시에 단위 시간마다 일정하게 소비하는 문제 유형을 '뉴튼산' 이라고 합니다.

예시문제 **매일 같은 속도로 풀이 자라나는 목장이 있습니다. 이 목장의 풀은 10마리의 소가 20일간 먹을 수 있고, 15마리의 소가 10일간 먹을 수 있습니다. 소 한 마리가 하루 동안 먹는 풀의 양을 1이라고 할 때, 하루에 자라나는 풀의 양과 원래 있었던 풀의 양은 얼마일까요?**

풀이 ①

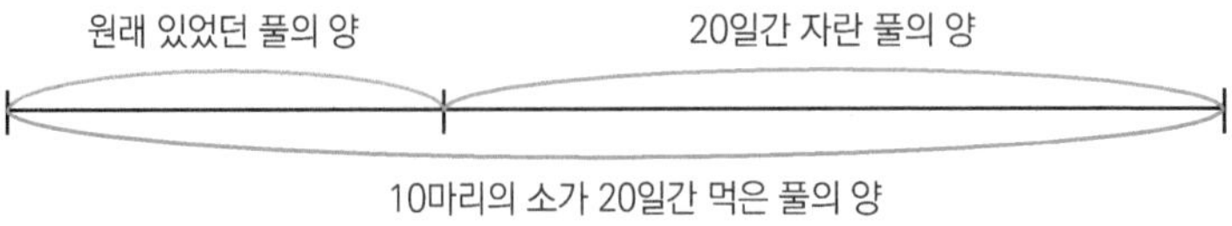

원래 있었던 풀의 양
20일간 자란 풀의 양
10마리의 소가 20일간 먹은 풀의 양

원래 있었던 풀의 양 + 20일간 자란 풀의 양 = 10마리의 소가 20일간 먹은 풀의 양

→ 10마리의 소가 20일간 먹은 풀의 양은 $10 \times 20 = 200$입니다.

②

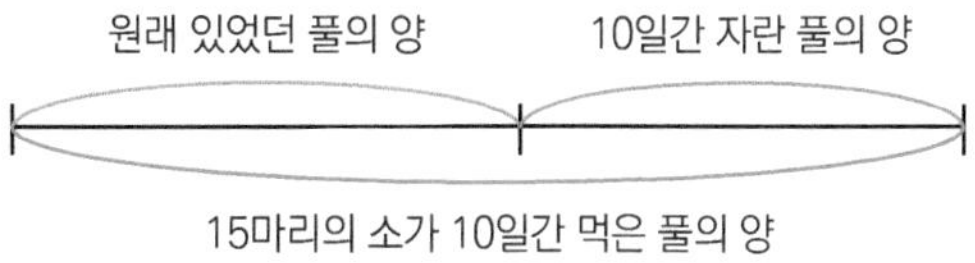


원래 있었던 풀의 양 + 10일간 자란 풀의 양 = 15마리의 소가 10일간 먹은 풀의 양

→ 15마리의 소가 10일간 먹은 풀의 양은 15 × 10 = 150입니다.

③ 위의 ①에서 구한 값에서 ②에서 구한 값을 빼면 10일간 자란 풀의 양을 알 수 있습니다.

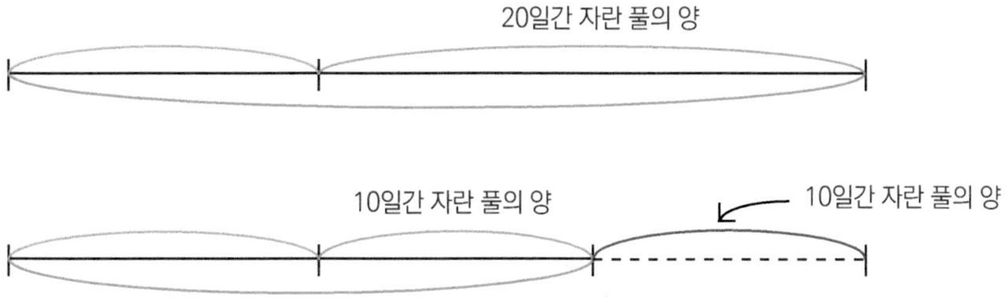


〈하루에 자라나는 풀의 양〉

(원래 있었던 풀의 양 + 20일간 자란 풀의 양) - (원래 있었던 풀의 양 + 10일간 자란 풀의 양)

= 10일간 자란 풀의양 = 200 - 150 = 50

∴ 10일간 자란 풀의 양은 50이므로 하루에 자라나는 풀의 양은 5 입니다.

〈원래 있었던 풀의 양〉

마지막으로 원래 있었던 풀의 양과 20일간 자란 풀의 양의 합은 200이므로 원래 있었던 풀의 양은 200에서 20일간 자란 풀의 양을 빼주면 됩니다.

200 - (20 × 5) = 200 - 100 = 100

∴ 원래 있었던 풀의 양은 100입니다.

정답

인부 한 명이 하루 동안에 하는 일의 양을 1이라 하면, 인부 8명이 20일 동안 한 일의 양은 8 × 20 = 160, 인부 10명이 12일 동안 한 일의 양은 10 × 12 = 120입니다.

1. (8명이 20일 동안 뽑아낸 잡초의 양) = (원래 있었던 잡초의 양) + (20일 동안 자라난 잡초의 양) … ⓐ

   (10명이 12일 동안 뽑아낸 잡초의 양) = (원래 있었던 잡초의 양) + (12일 동안 자라난 잡초의 양) … ⓑ

   ⓐ에서 ⓑ를 빼면 8일 동안 자라난 잡초의 양을 알 수 있습니다.

   8일 동안 자라난 잡초의 양이 160 - 120 = 40 이므로 하루 동안 자라나는 잡초의 양은 40 ÷ 8 = 5 입니다.

2. ⓐ식을 이용해 원래 있었던 잡초의 양을 구합니다.

   하루 동안 자라나는 잡초의 양이 5이므로 20일 동안 자라나는 잡초의 양은 5 × 20 = 100입니다.

   → (8명이 20일 동안 뽑아낸 잡초의 양) = (원래 있었던 잡초의 양) + (20일 동안 자라난 잡초의 양)

   → 160 = (원래 있었던 잡초의 양) + 100

   따라서 원래 있었던 잡초의 양은 160 - 100 = 60입니다.

정답 : 5 / 60

# 4 대표문제

## 1. 일정한 속도로 자라나는 풀 깎아내기

니코스 카잔차키스의 무덤
휘이잉~
저기봐!
깔끔하게 정돈된 무덤이 보여~
그리스의 시인이자 소설가인 니코스 카잔차키스의 무덤이야.
멋지다~
이 무덤은 관리직원들이 매일 잔디를 깎아 관리하고 있대.
힘들겠다!
풀을 모두 깎아내려면 며칠이 걸릴까?

묘비 근처에서는 매일 일정한 속도로 풀이 자라나고 있습니다. 이 풀을 모두 깎아내는 데 관리 직원 12명은 15일이, 관리 직원 14명은 10일이 걸린다고 합니다. 만약, 관리 직원이 10명이라면 묘비 근처의 풀을 모두 깎아내는 데 며칠이 걸릴지 구하세요. (단, 모든 관리 직원은 매일 같은 양의 풀을 깎아냅니다.)

**Step 1** 관리 직원 한 명이 1일 동안 깎아내는 풀의 양을 1이라고 할 때, 관리 직원 12명이 15일 동안 깎아낸 풀의 양과 관리 직원 14명이 10일 동안 깎아낸 풀의 양을 각각 구하세요.

**Step 2** 하루 동안에 자라나는 풀의 양은 얼마인지 구하세요.

**Step 3** 풀을 깎아내기 전 원래 있었던 풀의 양을 구하세요.

**Step 4** 10명의 관리 직원이 묘비 근처의 풀을 모두 깎아내는 데 며칠이 걸릴지 구하세요.

풀이

Step 1 관리 직원 12명이 15일 동안 깎아낸 풀의 양은 12 × 15 = 180입니다.
관리 직원 14명이 10일 동안 깎아낸 풀의 양은 14 × 10 = 140입니다.

Step 2 ① (12명이 15일 동안 깎아낸 풀의 양)
= (원래 있었던 풀의 양) + (15일 동안 자라난 풀의 양) ··· ⓐ

② (14명이 10일 동안 깎아낸 풀의 양)
= (원래 있었던 풀의 양) + (10일 동안 자라난 풀의 양) ··· ⓑ

ⓐ에서 ⓑ를 빼면 5일 동안 자라난 풀의 양을 알 수 있습니다.
5일 동안 자라난 풀의 양이 180 - 140 = 40이므로 하루 동안 자라나는 풀의 양은 40 ÷ 5 = 8 입니다.

Step 3 ① ⓐ식을 이용해 원래 있었던 풀의 양을 구합니다. (ⓑ식을 이용해도 됩니다.)
하루 동안 자라나는 풀의 양이 8이므로 15일 동안 자라난 풀의 양은 8 × 15 = 120입니다.

② (12명이 15일 동안 깎아낸 풀의 양)
= (원래 있었던 풀의 양) + (15일 동안 자라난 풀의 양)
➡ 180 = (원래 있었던 풀의 양) + 120
따라서 원래 있었던 풀의 양은 180 - 120 = 60입니다.

Step 4 하루 동안 자라나는 풀의 양은 8이므로 8명의 관리 직원이 있으면 자라나는 풀을 모두 깎아낼 수 있습니다. 그러므로 10명의 관리 직원 중 자라나는 풀을 깎아낼 8명을 제외하면 2명의 관리 직원이 원래 있었던 풀 60을 모두 깎아내야지만 묘비 근처의 모든 풀을 제거할 수 있습니다.
따라서 10명의 직원이 묘비 근처의 모든 풀을 깎아내는 데는 60 ÷ 2 = 30일이 걸립니다.

정답 : 180, 140 / 8 / 60 / 30일

확인하기 1

매일 같은 속도로 풀이 자라나는 목장이 있습니다. 이 목장의 풀은 5마리의 소가 20일간 먹을 수 있고, 7마리의 소가 12일간 먹을 수 있습니다. 소 한 마리가 하루 동안 먹는 풀의 양을 1이라고 할 때, 하루 동안에 자라는 풀의 양을 구하세요.

확인하기 2

매일 같은 속도로 풀이 자라나는 목장이 있습니다. 이 목장의 풀은 9마리의 소가 12일간 먹을 수 있고, 7마리의 소가 18일간 먹을 수 있습니다. 소 한 마리가 하루 동안 먹는 풀의 양을 1이라고 할 때, 원래 있었던 풀의 양을 구하세요.

# 4 대표문제

## 2. 다른 상황에서의 뉴튼산

이라클리온 마을
이곳은 크레타 섬에서 가장 큰 도시래~
올리브유로 만든 비누가 가장 유명하다던데~?
기름으로 비누를 만든다고?
LOCAL MARKET
저기 비누가게가 보인다! 우리도 올리브 비누를 사볼까?
좋아! 주문을 하고 비누를 사가는 건가봐.
비누가 잔뜩 있네~

올리브유 비누를 만들어 판매하는 한 가게는 현재 일정량의 비누 주문이 밀려있고, 매일 일정량의 주문이 새로 들어온다고 합니다. 밀린 주문과 새로 들어오는 주문을 모두 처리하려면 10명의 직원이 8일 동안 일을 하거나 12명의 직원이 4일 동안 일을 해야한다고 합니다. 매일 새로 들어오는 주문량과 밀린 주문량을 구하세요.

SOAP

**Step 1** 직원 한 명이 하루 동안에 하는 일의 양을 1이라고 할 때, 10명의 직원이 8일 동안 한 일의 양과 12명의 직원이 4일 동안 한 일의 양을 구하세요.

**Step 2** 하루에 새로 들어오는 주문량은 얼마인지 구하세요.

**Step 3** 현재 밀려 있는 주문량은 얼마인지 구하세요.

**풀이**

**Step 1** 10명의 직원이 8일 동안 한 일의 양은 10 × 8 = 80입니다.
12명의 직원이 4일 동안 한 일의 양은 12 × 4 = 48 입니다.

**Step 2** ① (10명의 직원이 8일 동안 한 일의 양)
= (밀린 주문량) + (8일 동안 새로 들어온 주문량) … ⓐ

② (12명의 직원이 4일 동안 한 일의 양)
= (밀린 주문량) + (4일 동안 새로 들어온 주문량) … ⓑ

ⓐ에서 ⓑ를 빼면 4일 동안 새로 들어온 주문량을 알 수 있습니다.
4일 동안 새로 들어온 주문량이 80 − 48 = 32 이므로 하루에 새로 들어오는 주문량은
32 ÷ 4 = 8 입니다.

**Step 3** ⓐ식을 이용해 밀린 주문량을 구합니다. (ⓑ식을 이용해도 됩니다.)
하루에 새로 들어오는 주문량이 8이므로 8일 동안 새로 들어온 주문량은 8 × 8 = 64 입니다.
(10명이 8일 동안 한 일의 양) = (밀린 주문량) + (8일 동안 새로 들어온 주문량)
→ 80 = (밀린 주문량) + 64
따라서 밀린 주문량은 80 − 64 = 16 입니다.

정답 : 80, 48 / 8 / 16

**확인하기 1**

나룻배를 타고 강을 건너던 중 배에 구멍이 나 매시간 일정한 양의 물이 흘러들어오고 있습니다. 이미 배에는 어느 정도의 물이 흘러들어 온 상태입니다. 만약, 배에 흘러들어 온 물을 다 퍼내는 데 나룻배에 타고 있는 사람이 8명이면 50분이 걸리고, 5명이면 1시간 40분이 걸린다고 합니다. 1분 동안 한 명이 퍼내는 물의 양을 1이라 할 때, 1분 동안에 배 안으로 흘러들어 오는 물의 양을 구하세요.

**확인하기 2**

구멍이 뚫린 항아리에 물을 가득 채워 넣으려 합니다. 이미 항아리의 절반은 물이 채워져 있고, 구멍에서는 1분마다 일정한 양의 물이 빠져나가고 있습니다. 만약, 항아리의 나머지 절반을 채우는 데 호스 한 개를 사용하면 2시간 30분이 걸리고 호스 세 개를 사용하면 30분이 걸린다고 합니다. 1분 동안 한 개의 호스에서 나오는 물의 양을 1이라 할 때, 1분마다 빠져나가고 있는 물의 양을 구하세요.

# 4 연습문제

01 매일 같은 속도로 풀이 자라나는 목장이 있습니다. 이 목장의 풀은 15마리의 소가 24일간 먹을 수 있고, 20마리의 소가 16일간 먹을 수 있습니다. 소 한 마리가 하루 동안 먹는 풀의 양을 1이라고 할 때, 하루 동안에 자라는 풀의 양과 원래 있었던 풀의 양을 각각 구하세요.

02 소금을 저장하는 소금 창고에는 이미 일정량의 소금이 저장되어 있고, 매일 일정량의 소금이 새로 저장된다고 합니다. 창고에 있는 소금을 모두 빼내는 데 5명의 인부가 하면 18일이 걸리고, 6명의 인부가 하면 14일이 걸린다고 합니다. 한 명의 인부가 하루에 빼내는 소금의 양을 1이라 할 때, 매일 새로 저장되는 소금의 양과 소금 창고에 이미 저장되어 있는 소금의 양을 각각 구하세요.

03 한 목공소에는 여러 명의 목수가 일하고 있습니다. 한 명의 목수는 하루에 하나의 나무 의자를 만들어 낸다고 합니다. 이 목공소는 밀린 주문건들이 이미 있어, 당분간은 하루에는 3개의 주문만 일정하게 받으려고 합니다. 8명의 목수가 밀린 주문과 매일 새로 들어오는 주문을 9일만에 끝내려고 할 때, 밀린 주문량은 모두 몇 개인지 구하세요.

04 한 물탱크에는 물이 흘러 들어오는 하나의 호스와 물이 빠져나가는 여러 개의 배수구가 있습니다. 이 물탱크에는 어느 정도의 물이 이미 차있고, 배수구에서는 매시간 일정한 양의 물이 빠져나가며 한 개의 호스에서는 매시간 일정한 양의 물이 흘러 들어옵니다. 물탱크에 있는 물을 모두 비우는 데 3개의 배수구를 이용하면 3시간이 걸리고, 5개의 배수구를 이용하면 1시간 40분이 걸린다고 합니다. 한 개의 배수구에서 1분 동안에 빠져나가는 물의 양을 1이라 할 때, 물탱크에 이미 들어있던 물의 양을 구하세요.

05 매일 같은 속도로 풀이 자라나는 목장이 있습니다. 이 목장의 풀은 14마리의 소가 18일간 먹을 수 있고, 12마리의 소가 24일간 먹을 수 있습니다. 이 목장에 만일 10마리의 소가 있다면, 며칠간 풀을 먹을 수 있을지 구하세요.

06 한 놀이공원은 오픈 전부터 입장을 기다리는 사람들이 줄을 서있다고 합니다. 입장을 시작한 후에도 1분에 20명씩이 더 줄에 합류하고 있으며, 1개의 입구에는 1분에 25명이 입장할 수 있다고 합니다. 2개의 입구를 이용하면 줄을 선 모든 사람들이 입장하는 데 24분이 걸린다고 할 때, 더 빠른 입장을 위해 4개의 입구를 이용한다면 모든 사람들이 입장하는 데 몇 분이 걸리는지 구하세요.

07 매일 같은 속도로 풀이 자라나는 목장이 있습니다. 만약, 이 목장의 넓이가 50ha라면 목장의 풀은 8마리의 소가 12일간 먹을 수 있고, 10마리의 소가 6일간 먹을 수 있다고 합니다. 만약 목장의 넓이가 100ha라면 14마리의 소가 풀을 며칠간 먹을 수 있을지 구하세요.

08 무우는 설날에 받은 세뱃돈과 매달 어머니께서 주시는 용돈을 합쳐 1년 동안 한 달에 3만원씩 참고서를 사려 했습니다. 그런데 다른 데에도 돈을 사용해 한 달에 4만원씩을 쓴 무우는 6개월만에 모아둔 세뱃돈과 매달 받는 용돈을 다 써버리고 말았습니다. 무우가 매달 어머니께 받는 용돈과 설날에 받은 세뱃돈은 얼마인지 각각 구하세요.

09

A, B, C 세 개의 치즈 창고에는 각각 같은 양의 치즈가 저장되어 있습니다. 한 생쥐 마을의 대표는 이 세 개의 치즈 창고에 있는 치즈를 모두 마을로 가지고 올 계획을 하고 있습니다. 또한, 이 마을은 최근에 발명된 치즈를 자동으로 옮겨주는 기계 2대를 소유하고 있습니다. A 창고에서 마을로 치즈를 옮기는 데는 기계 1대와 8마리의 생쥐가 일해 10일이 걸렸고, B 창고에서 마을로 치즈를 옮기는 데는 기계 1대와 12마리의 생쥐가 일해 8일이 걸렸다고 합니다. 만약, C 창고에서 마을로 치즈를 옮기는 데 2대의 기계와 4마리의 생쥐가 일한다면 치즈를 모두 옮기는 데 며칠이 걸릴지 구하세요.

10

매일 일정한 양의 지하수가 흘러 들어오는 한 마을의 물탱크에는 현재 1200L의 물이 들어 있습니다. 이 물탱크의 물은 마을 사람들이 24일간 매일 같은 양의 물을 사용할 수 있다고 합니다. 만약, 가뭄으로 인해 흘러 들어오는 지하수의 양이 절반으로 줄어 든다면 이전과 매일 같은 양의 물을 사용할 경우 8일만에 물탱크의 모든 물을 사용하게 된다고 합니다. 하루 동안 흘러 들어오는 지하수의 양은 얼마인지 구하세요.

# 4 심화문제

01 매일 같은 속도로 풀이 자라나는 목장이 있습니다. 이 목장의 풀은 15마리의 소가 16일간 먹을 수 있고, 20마리의 양이 36일간 먹을 수 있습니다. 한 마리의 소가 먹는 풀의 양은 한 마리의 양이 먹는 풀의 양의 2배라고 할 때, 소 10마리와 양 8마리가 있다면, 며칠간 풀을 먹을 수 있을지 구하세요.

02 어느 마을에 있는 댐은 최근 계속되는 폭우로 인해 수위가 안전선보다 높게 올라왔습니다. 상류에서는 일정한 속도로 계속 수위가 높아지고 있어 수문을 열어 물을 방류해 수위를 조절하려고 합니다. 안전선까지 수위를 낮추는 데 한 개의 수문을 열면 18시간이 걸리고, 두 개의 수문을 열면 6시간이 걸린다고 합니다. 각 수문에서 물이 나오는 속도는 같고 한 개의 수문에서 1시간 동안 방류하는 물의 양을 1이라고 할 때, 2시간 안에 안전선까지 수위를 낮추기 위해선 최소 몇 개의 수문을 개방해야 할지 구하세요.

# 4 심화문제

**03** 매일 같은 속도로 풀이 자라나는 세 개의 목장이 있습니다. A 목장의 넓이는 10ha, B 목장의 넓이는 $3\frac{1}{3}$ ha, C 목장의 넓이는 15ha 라고 합니다. A 목장의 풀은 8마리의 소가 4주 동안 먹을 수 있고, B 목장의 풀은 5마리의 소가 2주 동안 먹을 수 있습니다. C 목장에 12마리의 소가 있다면, 며칠간 풀을 먹을 수 있을지 구하세요.

정답 및 풀이 P.25

04 매일 같은 속도로 풀이 자라나는 목장이 있습니다. 이 목장의 풀은 26마리의 소가 18일간 먹을 수 있고, 30마리의 소가 10일간 먹을 수 있습니다. 만약, 원래 있던 풀의 $\frac{1}{3}$ 만큼의 양을 베어 건초로 만들어 놓는다면, 남은 풀을 24마리의 소가 며칠 동안 먹을 수 있을지 구하세요.

# 4 창의적문제해결수학

01 빵을 생산하는 두 개의 공장이 있습니다. 현재 두 공장의 밀가루 재고량은 A 공장이 B 공장의 3배이며 매일 구입하는 밀가루의 양은 A 공장이 B 공장의 2배라고 합니다. 각 공장 별로 매일 일정한 생산량의 빵을 만든다고 할 때, 밀가루를 모두 소진하는 데 A 공장은 18일, B 공장은 12일이 걸린다고 합니다. A 공장의 하루 빵 생산량은 B 공장의 몇 배인지 구하세요.

정답 및 풀이 P.26

## 02
창의융합문제

박물관으로 향하는 무우와 친구들
이라클리온 박물관은 크레타의 대표적인 박물관이래.
미노아 문명의 유물들이 전시되어 있대!
이제 곧 문 열 시간이지?
앗. 입장시작 전인데 기다리는 사람들이 벌써 줄을 길게 서고 있네.
우리도 얼른 줄을 서자! 지금도 사람들이 줄에 합류하고 있어.
사람이 엄청 많다~

박물관은 입장을 시작하기 전부터 이미 입장권을 사기 위해 기다리는 사람들이 줄을 서 있었으며, 입장을 시작한 후에도 1분마다 일정한 수의 사람들이 더 줄에 합류하고 있었습니다. 3개의 매표소를 오픈하면 1시간 40분만에 줄이 없어지고, 5개의 매표소를 오픈하면 20분만에 줄이 없어진다고 합니다. 10분만에 줄이 없어지게 하기 위해선 최소 몇 개 이상의 매표소를 오픈해야할지 구하세요.

그리스에서 넷째 날 모든 문제 끝!
미코노스로 이동하는 무우와 친구들에게 어떤 일이 일어날까요?

# 작업 능률 올리기?

작업 능률이란 일을 하는데 투자한 에너지와 시간 대비 생산물의 양이 얼마인지를 말합니다. 그런데, 이 작업능률에 관한 흥미로운 연구가 있습니다.

일본 히로시마 대학의 니토노 히로시 교수 연구팀에 따르면 사람들은 귀여운 강아지나 고양이 사진을 보면 작업 능률이 오르는 것으로 나타났습니다. 연구팀은 '귀엽다'는 감정이 어떤 효과가 있는지 알아내기 위해 대학생 130명을 대상으로 실험을 진행했습니다. 한 그룹의 학생들은 강아지와 고양이 사진을 90초 동안 감상한 후 장난감의 작은 부품을 핀셋으로 집어 올리는 실험을 하였고, 다른 그룹의 학생들은 바로 실험을 진행했습니다. 그 결과 귀여운 동물 사진을 본 학생들의 실험 성공 개수는 그렇지 않은 학생들에 비해 44%나 증가한 것으로 나타났습니다.

니토노 교수는 실험 결과 '귀엽다'는 감정이 호기심을 유발하기 때문에 세부 사항에 주의를 집중하고 작업의 정확성을 높이는 효과가 있다고 분석했습니다.

# 5. 작업 능률

미코노스에 도착한 무우와 친구들
우와~
미코노스 섬에 도착했어~
이곳도 산토리니 처럼 건물에 흰색 페인트칠이 되어있네?
멋지다!
미코노스 섬은 산토리니 섬과 함께 그리스 2대 섬이라고 한대.
섬의 이름을 신화에 나오는 신의 이름에서 땄다고 하던데?
맞아! 바람의 신의 이름을 따왔다고 해. 그래서 바람의 도시라는 별명이 있지~
사방이 바다여서 바닷바람이 시원할 것 같아!
맞아~ 그래서 미코노스 섬에선 거대한 풍차가 유명하다고 해.
섬에 거대한 풍차가 있다고?
정말이야?
빨리 가보자~

그리스
Greece
델피
아테네
미코노스
산토리니
크레타

## 그리스 다섯째 날 DAY 5

무우와 친구들은 그리스에 가는 다섯째 날, <미코노스>에 도착했어요. 무우와 친구들은 다섯째 날에 <파라포르티아니 교회>, <리틀 베니스>, <카토 밀리>를 여행할 예정이에요. 무우와 친구들은 여행 마지막 날 어떤 수학문제들을 만나게 될까요?

궁금해요 ?

파라포르티아니 교회
엄청 독특하게 생긴 건물이 있네?
하얀색 건물이다!
저곳은 파라포르티아니 교회야. 4가지의 건축양식이 하나의 건물에 전부 있대!
가까이에서 볼까?
건물이 깨끗한 하얀색인 이유는 주기적으로 외벽에 페인트칠을 하기 때문이지~
그렇구나~
이렇게 큰 건물에 페인트칠을 하려면 엄청 오래 걸리겠다!

**무우와 친구들은 페인트칠하는 시간을 생각해 보았습니다.**

교회가 페인트칠을 맡기는 업체는 두 곳이 있는데 A 업체에 맡기면 10시간이 걸리고, B 업체에 맡기면 15시간이 걸린다고 합니다. A 업체와 B 업체에게 함께 페인트칠을 맡기면 몇 시간이 걸리는지 구하세요.

## 1 작업 능률이란 ?

전체 일의 양이 1인 일을 하는 데 A는 a일이 걸리고 B는 b일이 걸린다고 합니다.

**1.** A가 하루 동안에 하는 일의 양은 $\frac{1}{a}$, B가 하루 동안에 하는 일의 양은 $\frac{1}{b}$입니다.

예시문제 **어떤 일을 하는 데 무우는 5일이 걸리고, 상상이는 3일이 걸린다고 합니다. 무우와 상상이가 하루 동안에 하는 일의 양은 각각 얼마일까요?**

풀이 무우가 하루 동안에 하는 일의 양은 $\frac{1}{5}$, 상상이는 $\frac{1}{3}$ 입니다.

**2.** A와 B가 함께 일을 하면, 하루 동안 A와 B가 함께 하는 일의 양은 $\frac{1}{a} + \frac{1}{b}$ 입니다.

예시문제 **어떤 일을 하는 데 무우는 5일이 걸리고, 상상이는 3일이 걸린다고 합니다. 무우와 상상이가 함께 일을 한다면 둘이 하루 동안에 함께 하는 일의 양은 얼마일까요?**

풀이 무우와 상상이가 하루 동안에 함께 하는 일의 양은 $\frac{1}{5} + \frac{1}{3} = \frac{8}{15}$ 입니다.

## 작업 능률이란 ?

전체 일의 양이 1인 일을 하는 데 a명의 사람들이 b일이 걸린다고 합니다.

1명의 사람이 하루 동안 하는 일의 양은 $\frac{1}{a \times b}$ 입니다.

**예시문제** **어떤 일을 하는 데 10명의 사람들이 5일이 걸린다고 합니다. 1명의 사람이 하루 동안 하는 일의 양은 얼마일까요?**

➡ 1명의 사람이 하루 동안 하는 일의 양은 $\frac{1}{10 \times 5} = \frac{1}{50}$ 입니다.

전체 일의 양이 1인 일을 하는 데 A는 a일이, B는 b일이, C는 c일이 걸린다고 합니다.

A, B, C가 함께 일을 하면 셋이 하루 동안 함께 하는 일의 양은 $\frac{1}{a} + \frac{1}{b} + \frac{1}{c}$ 입니다.

**예시문제** **어떤 일을 하는 데 무우는 18일이 걸리고, 상상이는 9일이 걸리고, 제이는 6일이 걸린다고 합니다. 무한, 상상, 제이가 함께 일을 한다면 셋이 하루 동안에 함께 하는 일의 양은 얼마일까요?**

**풀이** 무우, 상상, 제이가 하루 동안에 함께 하는 일의 양은 $\frac{1}{18} + \frac{1}{9} + \frac{1}{6} = \frac{6}{18} = \frac{1}{3}$ 입니다.

우리가 일상 생활에서 마주할 수 있는 예를 통해 더 자세히 알아보도록 합니다.

예 선생님께서는 이번 주 청소 당번인 무우와 상상이에게 청소를 하도록 시키셨습니다. 무우가 혼자 하면 끝내는 데 20분이 걸리고, 상상이가 혼자 하면 30분이 걸린다고 할 때, 무우와 상상이가 함께 청소를 한다면 청소를 끝내는 데 걸리는 시간은 몇 분일까요?

➡ 전체 일의 양을 1이라고 가정하고 풀이합니다. 무우가 혼자 하면 1분 동안 $\frac{1}{20}$ 만큼의 일을 하고, 상상이는 $\frac{1}{30}$, 무우와 상상이가 함께 하면 $\frac{1}{20} + \frac{1}{30} = \frac{1}{12}$ 만큼의 일을 합니다.
따라서 무우와 상상이가 함께 청소를 하는 경우 청소를 끝내는 데 걸리는 시간은 12분 입니다.

전체 일의 양을 1이라고 가정하고 풀이합니다.

① A 업체는 일을 끝내는데 10시간이 걸리고, B 업체는 15시간이 걸립니다.

➡ A 업체가 한 시간 동안에 하는 일의 양은 $\frac{1}{10}$, B 업체가 한 시간 동안에 하는 일의 양은 $\frac{1}{15}$ 입니다.

② A 업체와 B 업체가 함께 일을 했을 때 두 업체가 한 시간 동안에 하는 일의 양은

➡ $\frac{1}{10} + \frac{1}{15} = \frac{3}{30} + \frac{2}{30} = \frac{5}{30} = \frac{1}{6}$ 입니다.

③ A 업체와 B 업체가 함께 일을 했을 때 두 업체가 한 시간 동안에 하는 일의 양은 $\frac{1}{6}$ 입니다.
전체 일의 양이 1인 일을 한 시간에 $\frac{1}{6}$ 씩 한다면 일을 끝내는 데 총 6시간이 걸립니다.
따라서 A 업체와 B 업체가 함께 페인트칠을 맡게 된다면 일을 끝내는 데 총 6시간이 걸립니다.

# 5 대표문제

## 1. 작업 능률 1

리틀 베니스
멋지다~
건물이 해안선을 따라 길게 지어져 있어!
집들의 모양이 이탈리아 베네치아의 집들과 비슷해서 이곳은 리틀 베니스라 불리는 거래.
노을 구경 명당을 알 수 있겠네?
이곳에선 노을이 잘 보이는 자리에 상인들이 파라솔을 설치해 준대.
이 넓은 곳에 파라솔을 설치하려면 얼마나 걸릴까?
파라솔이 많이 필요하겠다!

해변에서 파라솔을 빌려주고 돈을 받는 상인들은 저마다 경력이 달라 파라솔을 설치하는 속도가 모두 다른데, 오늘은 노을을 보기 위해 온 손님들이 너무 많아 여러 상인이 힘을 합치려고 합니다. 세 명의 상인이 힘을 합쳐 300개의 파라솔을 다 설치하기 위해선 얼마의 시간이 필요한지 구하세요.

A 상인 – 100개의 파라솔을 설치하는 데 90분이 걸립니다.

B 상인 – 100개의 파라솔을 설치하는 데 120분이 걸립니다.

C 상인 – 100개의 파라솔을 설치하는 데 72분이 걸립니다.

**Step 1** 100개의 파라솔을 모두 설치하는 전체 일의 양을 1이라고 했을 때, A, B, C 상인이 1분 동안에 하는 일의 양을 구하세요.

**Step 2** A, B, C 상인이 함께 일을 했을 때 전체 일(100개의 파라솔 설치)을 끝마치려면 몇 분이 걸리는지 구하세요.

**Step 3** A, B, C 상인이 함께 일을 했을 때 300개의 파라솔을 모두 설치하는 데 몇 분이 걸리는지 구하세요.

풀이

**Step 1** A 상인은 전체 일을 하는 데 90분이, B 상인은 120분이, C 상인은 72분이 걸립니다.

→ A 상인이 1분 동안에 하는 일의 양은 $\frac{1}{90}$, B 상인은 $\frac{1}{120}$, C 상인은 $\frac{1}{72}$ 입니다.

**Step 2** A, B, C 상인이 함께 일을 했을 때 세 상인이 1분 동안에 하는 일의 양은

→ $\frac{1}{90} + \frac{1}{120} + \frac{1}{72} = \frac{4}{360} + \frac{3}{360} + \frac{5}{360} = \frac{12}{360} = \frac{1}{30}$ 입니다.

전체 일의 양이 1인 일을 1분에 $\frac{1}{30}$씩 한다면 일을 끝내는 데 30분이 걸립니다.

따라서 A, B, C 상인이 함께 일을 하게 된다면 일을 끝내는 데 총 30분이 걸립니다.

**Step 3** 세 명의 상인이 함께 일을 했을 때 100개의 파라솔을 설치하는 데 30분이 걸리는 것을 알 수 있습니다. 300개의 파라솔을 설치하는 데는 3배의 시간이 걸리므로 30 × 3 = 90분이 걸립니다.

정답: A 상인-$\frac{1}{90}$, B 상인-$\frac{1}{120}$, C 상인-$\frac{1}{72}$ / 30분 / 90분

**확인하기 1**

어떤 일을 하는 데 형은 12일이 걸리고 동생은 24일이 걸린다고 합니다. 이 일을 형과 동생이 함께 하면 일을 하는 데 며칠이 걸리는지 구하세요.

**확인하기 2**

오늘은 무우네 집의 대청소 날입니다. 집을 모두 청소하는 데 어머니가 혼자 하시면 80분이 걸리고, 아버지가 하시면 120분, 무우가 하면 240분이 걸린다고 합니다. 부모님과 무우가 모두 함께 하면 청소를 끝내는 데 몇 분이 걸리는지 구하세요.

# 5 대표문제

## 2. 작업 능률 2

카토 밀리
빙글~
빙글~
우와, 엄청 큰 풍차들이다!
멋지지!?
예전엔 이 풍차들을 이용해서 곡식을 빻았대. 지금은 관광 명소가 됐지!
풍차들의 크기가 서로 다르네. 그러면 곡식을 빻는 속도도 서로 다르지 않을까?
얼마나 오래 걸릴까?
여러 풍차를 동시에 돌리면 더 빨리 곡식을 빻을 수 있을걸?

무우는 크기가 서로 다른 풍차들을 바라보며 크기가 다른 풍차들은 얻는 동력의 크기도 다르고, 곡식을 빻는 속도도 다를 거라고 생각해 아래와 같은 고민을 했습니다. 무우의 고민을 해결해보세요.

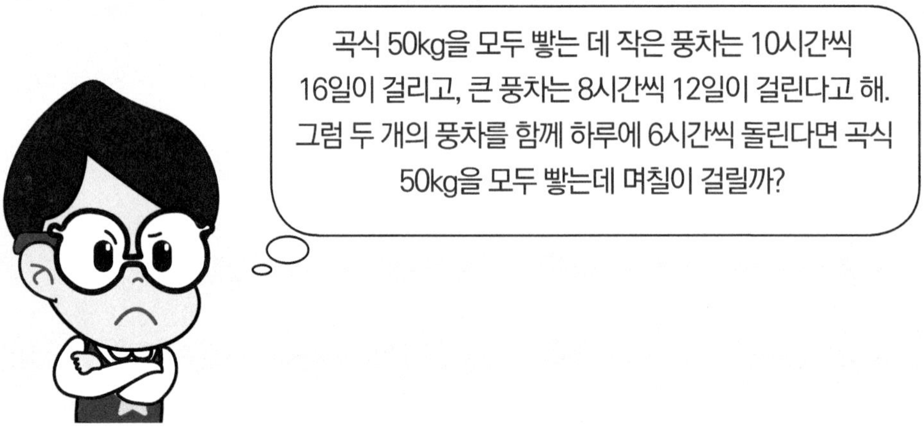
곡식 50kg을 모두 빻는 데 작은 풍차는 10시간씩 16일이 걸리고, 큰 풍차는 8시간씩 12일이 걸린다고 해. 그럼 두 개의 풍차를 함께 하루에 6시간씩 돌린다면 곡식 50kg을 모두 빻는데 며칠이 걸릴까?

**Step 1** 곡식 50kg을 모두 빻는 전체 일을 1이라고 했을 때, 작은 풍차와 큰 풍차가 1시간 동안에 하는 일의 양을 구하세요.

**Step 2** 작은 풍차와 큰 풍차를 함께 돌렸을 때 전체 일(곡식 50kg 빻기)을 모두 끝마치려면 몇 시간이 걸리는지 구하세요.

**Step 3** **Step 2** 에서 구한 총 소요 시간을 이용해 두 개의 풍차를 함께 하루에 6시간씩 돌려서 전체 일을 끝마치려면 총 며칠이 걸릴지 구하세요.

풀이

**Step 1** 작은 풍차는 전체 일을 하는 데 10시간씩 16일 총 10 × 16 = 160시간이 걸리고, 큰 풍차는 전체 일을 하는 데 8시간씩 12일 총 8 × 12 = 96시간이 걸립니다.
따라서 작은 풍차가 1시간 동안 하는 일의 양은 $\frac{1}{160}$, 큰 풍차는 $\frac{1}{96}$ 입니다.

**Step 2** 작은 풍차와 큰 풍차를 함께 돌렸을 때 두 개의 풍차가 1시간 동안에 하는 일의 양은
$\frac{1}{160} + \frac{1}{96} = \frac{3}{480} + \frac{5}{480} = \frac{8}{480} = \frac{1}{60}$ 입니다.
전체 일의 양이 1인 일을 1시간에 $\frac{1}{60}$ 씩 한다면 일을 끝내는 데 60시간이 걸립니다.
따라서 작은 풍차와 큰 풍차를 함께 돌리면 일을 끝내는 데 총 60시간이 걸립니다.

**Step 3** 두 개의 풍차를 함께 돌려 일을 끝마치려면 총 60시간이 걸립니다.
두 개의 풍차를 하루에 6시간씩 돌려 60시간을 채우기 위해서 소요되는 일수는 60 ÷ 6 = 10일입니다.

정답 작은 풍차 : $\frac{1}{160}$, 큰 풍차 : $\frac{1}{96}$ / 60시간 / 10일

**확인하기 1**

어떤 일을 하는 데 A가 하면 하루에 5시간씩 9일이 걸리고, B가 하면 하루에 3시간씩 12일이 걸린다고 합니다. 이 일을 A와 B가 함께 하루에 4시간씩 한다면 전체 일을 하는 데 며칠이 걸리는지 구하세요.

**확인하기 2**

베짱이와 개미가 일을 하는 데 베짱이는 하루에 6시간씩 25일이 걸리고, 개미는 하루에 5시간씩 15일이 걸린다고 합니다. 베짱이와 개미가 함께 하루에 5시간씩 일을 한다면, 일을 모두 끝내는 데 며칠이 걸릴지 구하세요.

# 5 연습문제

01 선생님은 반장과 부반장에게 심부름을 시키셨습니다. 이 심부름을 하는 데 반장은 30분이 걸리고, 부반장은 45분이 걸린다고 합니다. 만약, 반장과 부반장이 함께 한다면 심부름을 다 하는데 몇 분이 걸리는지 구하세요.

02 어떤 물건을 조립하는 데 어른이 하면 하루에 2시간씩 일주일이 걸리고, 어린이가 하면 하루에 5시간씩 일주일이 걸린다고 합니다. 이 때, 어른과 어린이가 함께 하루에 2시간씩 한다면, 물건 조립을 완성하는 데 며칠이 걸릴지 구하세요.

03 십자수 작품 하나를 완성시키는 데 전문가는 2일이 걸리고, 수강생은 5일이 걸린다고 합니다. 전문가 세 명이 6일 동안 완성시킨 십자수 작품을 전문가 한 명과 수강생 2명이 만든다면 며칠이 걸릴지 구하세요.

04 어떤 일을 하는 데 무우는 15일이 걸리고, 상상이는 10일이 걸린다고 합니다. 이 일을 무우가 먼저 3일 동안 하고 남은 일은 상상이가 한다고 할 때, 상상이가 남은 일을 모두 끝내는 데 며칠이 걸릴지 구하세요.

05 한 택배 회사에서 상자를 옮기는 데 A가 혼자 하면 5시간이 걸리고, B가 혼자 하면 3시간 20분이 걸린다고 합니다. 어느 날, A와 B가 같이 일하는 날이었는데 B가 지각을 해 A가 1시간 동안 혼자 일을 하고 1시간 이후부터는 A와 B가 함께 일을 해 모든 일을 끝마쳤다고 합니다. A와 B가 함께 일한 시간은 얼마인지 구하세요.

06 퍼즐을 맞추는 데 제이가 혼자서 하면 16일이 걸리고, 알알이가 혼자서 하면 12일이 걸린다고 합니다. 이 퍼즐을 제이가 먼저 4일 동안 맞추고 남은 퍼즐은 알알이가 이어서 맞추려고 합니다. 알알이가 남은 퍼즐을 모두 맞추는 데 며칠이 걸릴지 구하세요.

# 5 연습문제

**07** 한 시골의 울퉁불퉁한 도로를 아스팔트 도로로 바꾸려 합니다. 이 도로에 아스팔트를 설치하는 데 A 업체에게 맡길 경우 30일, B 업체에게 맡길 경우 40일, C 업체에게 맡길 경우 24일이 걸린다고 합니다. 시골의 이장님은 빠르게 공사가 끝나길 원해 세 업체에게 함께 일을 맡아달라고 요청했습니다. 만약, 세 업체가 함께 공사를 한다면 아스팔트 도로를 설치하는 데 며칠이 걸릴지 구하세요.

**08** 비행기 모형을 만드는 데 무우는 5시간, 상상이는 7시간 30분이 걸렸습니다. 무우와 상상이는 함께 하나의 비행기 모형을 더 만들어 제이에게 선물하려고 합니다. 무우가 먼저 3시간 동안 만들고 나머지를 상상이가 만든다고 할 때, 상상이가 비행기 모형을 완성시키는 데 걸리는 시간은 얼마일지 구하세요.

09 어떤 일을 하는데 A와 B가 함께 하면 20일이 걸린다고 합니다. 이 일을 A가 혼자서 30일 동안 하고 나머지를 B가 12일 동안 하면 일을 끝낼 수 있다고 합니다. 이 일을 A와 B가 혼자서 하는 데는 각각 며칠이 걸릴지 구하세요.

10 빈 물탱크에 A, B 두 수도관이 연결되어 있습니다. A, B 수도관을 함께 열어 물탱크에 물을 가득 채우는 데는 32분이 걸리고, A 수도관만을 열어 물을 채우는 데는 48분이 걸린다고 합니다. B 수도관만을 열어 물탱크에 물을 가득 채우는 데는 몇 분이 걸리는지 구하세요.

# 5 심화문제

**01** 어떤 일을 하는 데 A는 8일, B는 12일이 걸린다고 합니다. 이 일을 A가 혼자서 2일 동안 하고, 이후 A와 B가 함께 하다가 나머지 일을 B가 4일 동안 해 일을 끝마쳤다고 합니다. 이 때, A와 B는 함께 며칠 동안 일을 했는지 구하세요.

02 조립식 배 장난감을 조립하는 데 무우는 48분, 상상이는 60분, 제이는 80분이 걸렸습니다. 손을 다친 알알이를 위해 무한, 상상, 제이가 함께 알알이의 장난감을 조립해주려고 합니다. 먼저 셋이 모두 함께 조립을 하다가 학원 시간이 다 된 제이는 먼저 떠나고, 이후 무우와 상상이가 12분 동안 조립해 장난감을 완성시켰습니다. 무우, 상상, 제이가 함께 장난감을 조립한 시간은 몇 분인지 구하세요.

# 5 심화문제

**03** 무우와 친구들은 로봇 만들기 대회에 출전했습니다. 로봇 하나를 만드는 데 무우는 8시간, 상상이는 12시간, 제이는 15시간이 걸린다고 합니다. 무우, 상상, 제이는 함께 하나의 로봇을 완성시켜 대회에 출품하려고 합니다. 셋이서 함께 2시간 동안 만들다가 급한일이 생긴 상상이가 먼저 가고, 이후 무우와 제이가 둘이 만들다가 무우마저 떠나고 마지막으로 제이 혼자 1시간에 걸쳐 완성시켰습니다. 무우와 제이가 둘이 로봇을 만든 시간은 얼마인지 구하세요.

정답 및 풀이 P.31

04 어떤 일을 하는 데 A와 B가 함께 하면 80일이 걸리고, B와 C가 함께 하면 70일이 걸리고, A와 C가 함께 하면 112일이 걸린다고 합니다. 만약 A와 B와 C가 모두 함께 일을 한다면 일을 하는 데 총 며칠이 걸릴지 구하세요.

# 5 창의적문제해결수학

01 부모님이 출장을 가고 둘이 남은 형제는 바쁘신 부모님을 대신해 밀린 집안일을 하려고 합니다. 밀린 집안일 전체를 형이 혼자서 하면 5시간 15분이 걸리고, 동생이 혼자서 하면 7시간이 걸린다고 합니다. 이 일을 동생이 혼자서 2시간 동안 하다가 형이 와서 함께 하고, 이후 동생은 떠나고 마지막으로 형이 남아 50분 동안 했더니 밀린 집안일 전체의 $\frac{1}{3}$ 이 남았습니다. 형과 동생이 집안일을 함께 한 시간은 얼마인지 구하세요.

## 02
창의융합문제

미코노스 섬을 걷던 무우와 친구들
저기 봐! 길가에 펠리칸들이 있어!
쏴아아~
펠리칸은 미코노스의 마스코트라고 불린다던데?
오오~
짜잔!
맞아! 부리에 있는 주머니로 작은 물고기나 새우를 먹는다고 해.
← 주머니!
부리주머니로 물고기를 잡으려면 얼마나 시간이 걸릴까?

세 마리의 펠리컨은 모두 나이가 달라 물고기를 잡는 속도가 다르다고 합니다. 아기 펠리컨은 10마리의 물고기를 잡는 데 2시간이, 엄마 펠리컨은 1시간 30분, 아빠 펠리컨은 40분이 걸립니다. 세 마리의 펠리컨이 함께 힘을 모아 물고기를 잡는다면, 40마리의 물고기를 잡는 데 필요한 시간은 얼마인지 구하세요.

그리스에서 다섯째 날 모든 문제 끝! 수학여행도 끝났습니다.
수학여행을 마친 기분은 어떤가요?

MEMO

영재들의
수학여행
Math Travel

# 무한상상

창의영재수학

# 아이앤아이

## 정답 및 풀이

고급
초6~중등

F 문제해결력
그리스편

Imagine Infinite!

창의영재수학

# 아이앤아이

# 정답 및 풀이

고급 초등6~중등

F 문제해결력 그리스편

# 1. 홀수와 짝수

대표문제 1 확인하기 ............ P. 13

[정답] 풀이 과정 참조

[풀이 과정]

① 아래의 그림과 같이 서로 붙어있는 칸을 흰색과 검은색으로 구분합니다.

| | | | | | |
|---|---|---|---|---|---|
| 1 | 2 | 3 | 4 | 5 | 6 |
| 7 | 8 | 9 | 10 | 11 | 12 |
| 13 | 14 | 15 | 16 | 17 | 18 |
| 19 | 20 | 21 | 22 | 23 | 24 |
| 25 | 26 | 27 | 28 | 29 | 30 |
| 31 | 32 | 33 | 34 | 35 | 입구 |

② 입구에서 출발하면 처음으로 갈 수 있는 전시관은 검은색 칸 전시관입니다.
그 후로는 흰색 칸 전시관과 검은색 칸 전시관을 번갈아가면서 가게 됩니다.
총 전시관의 개수는 35개이므로 검은색 칸 전시관에서 출발하면 아래와 같이 마지막에는 검은색 칸 전시관을 가게 됩니다.
(검은색 칸) → (흰색 칸) → (검은색 칸) → … → (흰색 칸) → (검은색 칸)
따라서 일행들은 아래와 같이 각 전시관을 1번씩만 관람하면 다시 입구로 돌아올 수 있습니다.

| | | | | | |
|---|---|---|---|---|---|
| 전시관 1 | 전시관 2 | 전시관 3 | 전시관 4 | 전시관 5 | 전시관 6 |
| 전시관 7 | 전시관 8 | 전시관 9 | 전시관 10 | 전시관 11 | 전시관 12 |
| 전시관 13 | 전시관 14 | 전시관 15 | 전시관 16 | 전시관 17 | 전시관 18 |
| 전시관 19 | 전시관 20 | 전시관 21 | 전시관 22 | 전시관 23 | 전시관 24 |
| 전시관 25 | 전시관 26 | 전시관 27 | 전시관 28 | 전시관 29 | 전시관 30 |
| 전시관 31 | 전시관 32 | 전시관 33 | 전시관 34 | 전시관 35 | 입구 |

〈전시관 관람 예〉

대표문제 2 확인하기 ............ P. 15

[정답] 1, 3, 5, 7, 9

[풀이 과정]

① 4명의 친구들이 제사 체험을 한 횟수의 총합은 반드시 짝수가 됩니다.
따라서 상상이는 6번, 알알이는 5번, 제이는 4번을 했으므로 무우가 제사 체험을 한 횟수는 홀수입니다.

② 10 이하의 홀수는 1, 3, 5, 7, 9로 총 5개입니다.

③ 무우가 제사 체험을 1회했다면 친구들은 아래와 같이 체험을 한 것입니다.
(무우, 상상), (상상, 알알) × 3, (상상, 제이) × 2, (알알, 제이) × 2
무우가 제사 체험을 3회했다면 친구들은 아래와 같이 체험을 한 것입니다.
(무우, 알알) × 3, (상상, 알알) × 2, (상상, 제이) × 4
무우가 제사 체험을 5회했다면 친구들은 아래와 같이 체험을 한 것입니다.
(무우, 상상) × 5, (상상, 알알) × 1, (알알, 제이) × 4
무우가 제사 체험을 7회했다면 친구들은 아래와 같이 체험을 한 것입니다.
(무우, 상상) × 6, (무우, 알알) × 1, (알알, 제이) × 4
무우가 제사 체험을 9회했다면 친구들은 아래와 같이 체험을 한 것입니다.
(무우, 상상) × 6, (무우, 알알) × 2, (무우, 제이) × 1, (알알, 제이) × 3
(이외에 다른 조합도 있을 수 있습니다.)

연습문제 01 ............ P. 16

[정답] 4의 배수 또는 4로 나누어서 나머지가 3인 수

[풀이 과정]

① 1부터 n까지의 합은 $\frac{n \times (n + 1)}{2}$ 입니다.

i. n 이 짝수인 경우 (n + 1) 은 홀수입니다.
따라서 $\frac{n}{2} \times (n + 1)$이 짝수가 되기 위해선 $\frac{n}{2}$ 이 짝수가 되어야 하므로 n 은 4의 배수가 되어야 합니다.

ii. n 이 홀수인 경우 (n + 1) 은 짝수입니다.
따라서 $n \times \frac{n+1}{2}$ 이 짝수가 되기 위해선 $\frac{n+1}{2}$ 이 짝수가 되어야 하므로 n + 1이 4의 배수가 되어야 합니다. 따라서 n은 4로 나누었을 때 나머지가 3인 수 입니다.

② 따라서 1부터 n까지의 연속된 자연수의 합이 짝수가 되기 위해서는 n이 4의 배수이거나 4로 나누어서 나머지가 3인 수가 되어야 합니다. (정답)

## 연습문제 02 …… P. 16

[정답] 홀수

[풀이 과정]

① 1장의 종이의 앞면에 적혀 있는 수가 n이라면 뒷면에 적혀 있는 수는 n + 1입니다.
따라서 1장의 종이에 적혀 있는 두 수를 합하면 항상 홀수가 됩니다.

② 따라서 25장의 종이에 적혀 있는 수를 모두 합한 값은 (홀수 × 25)이고 이는 (홀수 × 홀수)이므로 항상 결괏값은 홀수가 됩니다. (정답)

## 연습문제 03 …… P. 16

[정답] 홀수

[풀이 과정]

① 이와 같이 앞의 두 수를 합한 수를 적어나가는 수열을 피보나치 수열이라고 합니다.
첫 번째 항부터 각 항이 홀수인지 짝수인지를 적어보면 다음과 같습니다.
→ 홀수, 홀수, 짝수, 홀수, 홀수, 짝수, 홀수, 홀수, 짝수 ,…

② 이 수열은 (홀수, 홀수, 짝수)가 반복적으로 나타나는 수열인 것을 확인할 수 있습니다.
100 = 3 × 33 + 1이므로 이 수열의 100번째 항은 홀수입니다. (정답)

## 연습문제 04 …… P. 17

[정답] 풀이과정 참조

[풀이 과정]

① 네 자연수 a, b, c, d를 합쳐서 15가 되기 위해선 15가 홀수이기 때문에 (짝수 3개, 홀수 1개) 또는 (짝수 1개, 홀수 3개)가 되어야 합니다.

i. (a, b, c, d)가 (짝수 3개, 홀수 1개)인 경우
$짝수^3$ = 짝수 이고 $홀수^3$ = 홀수 입니다.
따라서 $짝수^3 + 짝수^3 + 짝수^3 + 홀수^3$ = 짝수 + 짝수 + 짝수 + 홀수 = 홀수 이므로
$a^3 + b^3 + c^3 + d^3$ 는 짝수인 2000이 될 수 없습니다.

ii. (a, b, c, d)가 (짝수 1개, 홀수 3개)인 경우
마찬가지로 $짝수^3$ = 짝수 이고 $홀수^3$ = 홀수 입니다.
따라서 $짝수^3 + 홀수^3 + 홀수^3 + 홀수^3$ = 짝수 + 홀수 + 홀수 + 홀수 = 홀수 이므로
$a^3 + b^3 + c^3 + d^3$ 는 짝수인 2000이 될 수 없습니다.

② 이와 같은 이유로 $a^3 + b^3 + c^3 + d^3 = 2000$을 만족하는 합이 15인 네 자연수 a, b, c, d는 존재하지 않습니다.

## 연습문제 05 …… P. 17

[정답] 채울 수 없습니다.

[풀이 과정]

① 조각은 사각형 2개짜리 크기입니다.
틀은 사각형 31개짜리 크기입니다.

② 31은 2로 나누어 떨어지지 않는 홀수이기 때문에 조각을 여러 개 이용한다고 하더라도 틀을 남는 부분없이 채울 수 없습니다.

## 연습문제 06 …… P. 18

[정답] 풀이 과정 참조

[풀이 과정]

① 한 군인은 매일 밤 2명의 다른 군인과 보초를 서게 됩니다.
총 50명의 군인이므로 한 군인은 나머지 49명의 군인과 보초를 서야 하는데 49는 2로 나누어 떨어지지 않는 홀수입니다.

② 따라서 한 군인이 2명의 다른 군인과 보초를 서서, 나머지 49명 모두와 단 한 번씩만 보초를 서게 스케줄을 짤 수 없습니다.

## 연습문제 07 …… P. 18

[정답] 풀이 과정 참조

[풀이 과정]

① 한 자리 자연수 2개를 더해서 19가 될 순 없으므로 A + B = 99999 를 계산하는 과정에서 받아올림은 발생하지 않습니다.

② A를 abcde 라고 하고 각 자리 수의 위치를 바꾼 B를 ⓐⓑⓒⓓⓔ라고 하면 합이 99999가 되기 위해선 a + ⓐ = 9, b + ⓑ = 9, c + ⓒ = 9, d + ⓓ = 9, e + ⓔ = 9가 되어야 합니다.
따라서 (a + b + c + d + e) + (ⓐ + ⓑ + ⓒ + ⓓ + ⓔ) = 45입니다.

③ 하지만 abcde와 ⓐⓑⓒⓓⓔ는 서로 각 자리 위치만 바꾼 수이므로 (a + b + c + d + e) = (ⓐ + ⓑ + ⓒ + ⓓ + ⓔ)입니다.
그러므로 (a + b + c + d + e) + (ⓐ + ⓑ + ⓒ + ⓓ + ⓔ) = 2 × (a + b + c + d + e)이고 이는 짝수가 되므로 45가 될 수 없습니다.

④ 따라서 (A + B)는 99999가 될 수 없습니다.

연습문제 **08** ........ P. 18

[정답] 홀수

[풀이 과정]

① 임의로 2개의 수를 뽑는 경우는 (짝수, 짝수), (짝수, 홀수), (홀수, 홀수) 총 3가지 입니다.
 i. (짝수, 짝수)를 뽑는 경우
 두 짝수의 합과 차는 반드시 짝수입니다. 따라서 이 경우는 짝수가 1개 줄고 홀수의 개수는 그대로가 됩니다.
 ii. (짝수, 홀수)를 뽑는 경우
 짝수와 홀수의 합과 차는 반드시 홀수입니다. 따라서 이 경우는 짝수가 1개 줄고 홀수의 개수는 그대로가 됩니다.
 iii. (홀수, 홀수)를 뽑는 경우
 두 홀수의 합과 차는 반드시 짝수입니다. 따라서 이 경우는 짝수가 1개 늘고 홀수는 2개 줄게 됩니다.

② 1998 까지의 자연수에서 짝수는 999개, 홀수도 999개입니다. 2개를 뽑으면 짝수는 1개가 늘거나 줄어서 모든 짝수가 없어질 수 있지만 홀수는 2개씩만 줄게 되기 때문에 홀수는 1개가 남게 됩니다.
따라서 마지막에 남는 한 개의 수는 홀수입니다. (정답)

연습문제 **09** ........ P. 19

[정답] 짝수

[풀이 과정]

① 주어진 식은 $n^n$ 꼴들을 합하는 식입니다.
홀수 × 홀수 = 홀수, 짝수 × 짝수 = 짝수입니다.
따라서 $홀수^{홀수}$ = 홀수 이고 $짝수^{짝수}$ = 짝수입니다.

② 1부터 1231 까지의 연속한 자연수 중 홀수의 개수는 616개, 짝수의 개수는 615개입니다.
홀수를 616번(짝수 번) 더하면 짝수가 되고 짝수끼리의 합은 짝수입니다.
따라서 식을 계산한 결괏값은 짝수입니다. (정답)

연습문제 **10** ........ P. 19

[정답] 18가지

[풀이 과정]

① A × B + C가 짝수가 되기 위해선 (A, B, C)가 (홀수, 홀수, 홀수), (짝수, 홀수, 짝수), (홀수, 짝수, 짝수), (짝수, 짝수, 짝수)입니다.
 i. (A, B, C)가 (홀수, 홀수, 홀수)인 경우
 (A, B, C)는 1, 3, 5 에서만 뽑아야 하므로 경우의 수는 3 × 2 × 1 = 6가지 입니다.
 ii. (A, B, C)가 (홀수, 짝수, 짝수)인 경우
 A는 1, 3, 5 중에서 뽑고 B와 C는 2, 4 에서 뽑아야 하므로 경우의 수는 3 × 2 × 1 = 6가지 입니다.
 iii. (A, B, C)가 (짝수, 홀수, 짝수)인 경우
 이 경우도 ii.와 마찬가지로 경우의 수는 6가지 입니다.
 iv. (A, B, C)가 (짝수, 짝수, 짝수)인 경우
 짝수는 2와 4 뿐이므로 A, B, C 모두가 짝수가 되도록 뽑을 수 없습니다.

② 따라서 A × B + C의 결괏값이 짝수가 되도록 (A, B, C)를 뽑는 경우의 수는 6 + 6 +6 = 18가지 입니다. (정답)

심화문제 **01** ........ P. 20

[정답] 짝수

[풀이 과정]

① 두 수를 뽑는 경우는 (짝수, 짝수), (짝수, 홀수), (홀수, 홀수)로 총 3가지입니다.
 i. (짝수, 짝수)를 뽑으면 두 수의 차는 짝수가 됩니다.
 ii. (짝수, 홀수)를 뽑으면 두 수의 차는 홀수가 됩니다.
 iii. (홀수, 홀수)를 뽑으면 두 수의 차는 짝수가 됩니다.

② 1부터 11 까지의 숫자가 1번씩 적혀있는 숫자카드 2세트에는 홀수는 총 12개, 짝수는 10개가 있습니다.
두 수의 차가 모두 홀수일 때만 차들의 곱이 홀수가 되고 짝수가 1개라도 있다면 곱은 짝수가 됩니다.
하지만 홀수 숫자카드가 2개 더 많으므로 두 수의 차가 모두 홀수가 나오도록 카드를 뽑을 수 없습니다.

③ 따라서 두 수의 차가 짝수인 경우가 반드시 생기게 되고 차들의 곱은 반드시 짝수가 됩니다. (정답)

## 심화문제 02 P. 20

[정답] 홀수

[풀이 과정]

① 맨 처음에 양 끝점의 색이 다른 선분의 개수는 홀수 개입니다.

② 색이 다른 선분의 가운데에 점을 찍는 경우 아래와 같이 2가지 경우가 생기고 이 경우 양 끝점의 색이 다르고 중간에 점을 끼지 않는 선분의 개수는 그대로입니다.

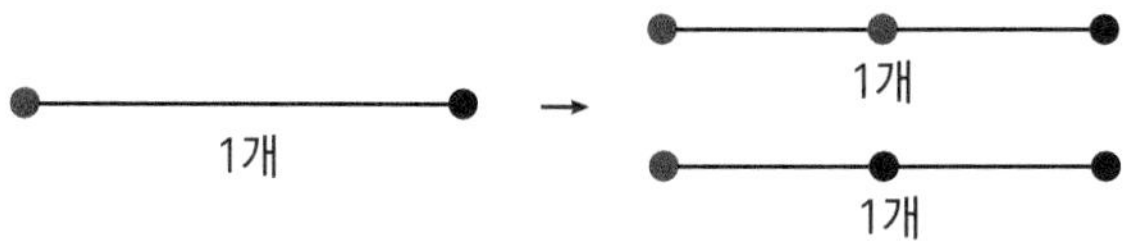


③ 양 끝점의 색이 같은 선분의 가운데에 점을 찍는 경우 아래와 같이 2가지 경우가 생기고 이 경우 양 끝점의 색이 다르고 중간에 점을 끼지 않는 선분의 개수는 그대로 이거나 2개가 늘게 됩니다.

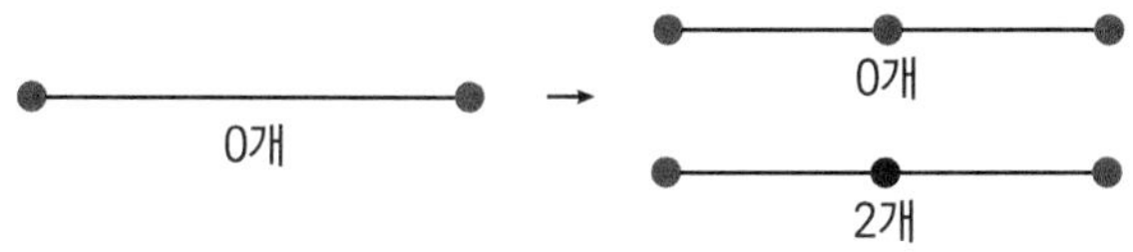


④ 따라서 맨 처음에 양 끝점의 색이 다르고 중간에 점을 끼지 않는 선분의 개수는 1개이고 중간에 점을 찍을수록 이러한 선분의 개수는 그대로 이거나 2개가 늘게 되므로 항상 홀수 개가 됩니다. (정답)

## 심화문제 03 P. 21

[정답] 무우

[풀이 과정]

① 100 99 98 ⋯ 53 52 51 에서 앞뒤로 연속된 두 수를 아래와 같이 묶습니다.
(100 99) (98 97) ⋯ (54 53) (52 51)

② ()로 묶인 두 수는 반드시 짝수 1개와 홀수 1개입니다. 따라서 ()로 묶인 두 수 사이에 + 또는 - 를 넣으면 그 결괏값은 반드시 홀수가 됩니다.

③ ()로 묶인 두 수의 결괏값은 모두 홀수이고 이러한 결괏값은 총 25개가 나오게 됩니다.
홀수 홀수 홀수 ⋯ 홀수 홀수
이 수들을 위와 마찬가지로 2개씩 묶으면 홀수 1개가 남게 됩니다.
(홀수 홀수) (홀수 홀수) ⋯ (홀수 홀수) 홀수

④ (홀수 홀수) 사이에 + 또는 - 를 넣으면 그 결괏값은 반드시 짝수가 되고 이러한 결괏값은 총 12개가 나오게 됩니다.
짝수 짝수 ⋯ 짝수 짝수 홀수
이 수들을 마찬가지로 2개씩 묶습니다.
(짝수 짝수) (짝수 짝수) ⋯ (짝수 짝수) 홀수

⑤ (짝수 짝수) 사이에 + 또는 - 를 넣으면 그 결괏값은 반드시 짝수가 되고 이러한 결괏값은 총 6개가 나오게 됩니다.
짝수 짝수 짝수 짝수 짝수 짝수 홀수
마찬가지로 짝수를 2개씩 묶어서 그 사이에 + 또는 - 를 넣으면 결괏값은 짝수이고 결괏값은 3개가 나옵니다.
짝수 짝수 짝수 홀수

⑥ (짝수 짝수) 사이에 + 또는 - 를 넣으면 결괏값은 짝수이고 (짝수 홀수) 사이에 + 또는 - 를 넣으면 결괏값은 홀수가 됩니다.
따라서 모든 수 사이에 + 또는 - 를 넣고 계산한 결괏값은 항상 홀수가 되므로 무우가 게임에서 이기게 됩니다.

심화문제 04 P. 21

[정답] 할 수 없다

[풀이 과정]

① 한 번에 4장의 카드를 뒤집는 경우는 그림이 보이게 놓여진 카드와 안보이게 뒤집어져 있는 카드에서 각각 홀수 개씩 뽑는 경우와 짝수 개씩 뽑는 경우가 존재합니다.

ⅰ. 그림이 보이게 놓여진 카드와 안보이게 뒤집어져 있는 카드에서 각각 홀수 개씩 뽑는 경우
이 경우 양쪽 카드가 모두 짝수 개씩 늘거나 줄어들게 됩니다.
예 그림이 보이게 놓여진 카드에서 1장, 안보이게 뒤집어져 있는 카드에서 3장을 뒤집으면 그림이 보이게 놓여진 카드가 2장 늘고 안보이게 뒤집어져 있느 카드는 2장 줄게 됩니다.

ⅱ. 그림이 보이게 놓여진 카드와 안보이게 뒤집어져 있는 카드에서 각각 짝수 개씩 뽑는 경우
이 경우에도 양쪽 카드가 모두 짝수 개씩 늘거나 줄어들게 됩니다.
예 그림이 보이게 놓여진 카드에서 0장, 안보이게 뒤집어져 있는 카드에서 4장을 뒤집으면 그림이 보이게 놓여진 카드가 4장 늘고 안보이게 뒤집어져 있느 카드는 4장 줄게 됩니다.

② 모든 경우에서 양쪽 카드는 짝수 개씩만 늘거나 줄게 됩니다. 모든 카드가 그림이 보이게끔 뒤집기 위해선 그림이 안보이게 놓여져 있는 카드를 모두 뒤집어야 하는데 현재 그림이 안보이게 놓여져 있는 카드는 25장이고 이는 홀수 개이므로 짝수 개씩 늘거나 줄어서는 0장이 될 수 없습니다. 따라서 이 51장의 카드 중 한 번에 4장의 카드씩 골라서 계속 뒤집어도 모든 카드가 그림이 보이게끔 놓을 수 없습니다.

창의적문제해결수학 01 P. 22

[정답] 풀이 과정 참조

[풀이 과정]

① 5개의 각 선분 위에 있는 검은색 원의 개수가 모두 홀수일 때 생기는 모순에 대해 생각해 봅니다.

② 5개의 선분에 있는 검은색 원의 개수가 모두 홀수라면 (5 × 홀수) = 홀수 이므로 5개의 직선에 있는 총 검은색 원의 개수는 홀수 개가 됩니다.

③ 하지만 이 원들은 선분의 교점에 있으므로 하나의 원은 2번씩 세어지게 됩니다.
따라서 총 검은색 원의 개수는 2가 곱해져서 만들어지므로 짝수가 되어서 ②의 상황과 모순이 됩니다.

④ 따라서 5개의 선분 위에 있는 검은색 원의 개수가 모두 홀수가 되도록 칠할 수 없습니다.

창의적문제해결수학 02 P. 23

[정답] ㉠, ㉣, ㉦

[풀이 과정]

① '나이트'는 한 번에 직선으로 1칸, 대각선으로 1칸만 이동할 수 있습니다.
따라서 아래의 체스판에서 나이트가 흰색 칸에 있다면 다음 번에 갈 수 있는 칸은 검은색 칸이고 검은색 칸에 있다면 다음 번에 갈 수 있는 칸은 흰색 칸 입니다.

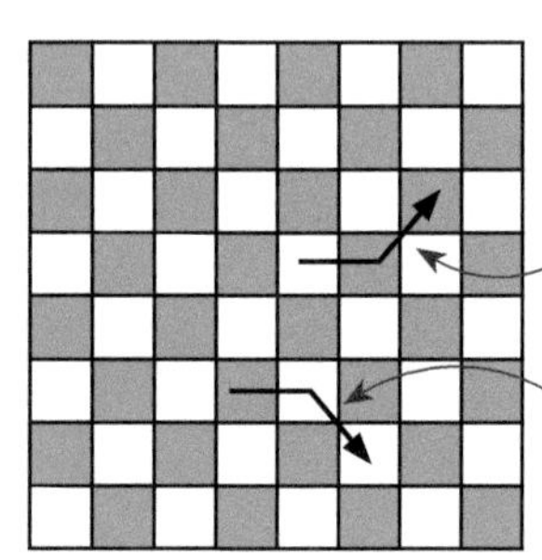


② 나이트가 흰색 칸에서 출발해서 짝수 번 움직이면 아래와 같이 흰색 칸만 갈 수 있게 됩니다.
(흰색 칸) (검은색 칸) (흰색 칸) ⋯ (검은색 칸) (흰색 칸)
1회 2회 홀수 회 짝수 회

③ 나이트를 짝수 번 움직이면 흰색 칸으로밖에 이동할 수 없고 ㉠ ~ ⓞ 중 흰색 칸은 ㉡, ㉢, ㉣, ㉥, ⓞ 입니다. 따라서 나이트를 짝수 번 움직여서는 ㉠, ㉣, ㉦ 칸으로 이동할 수 없습니다.

# 2. 조건 분석하기

대표문제1 확인하기 ........ P. 29

[정답] 검은색

[풀이 과정]

① 무우가 모른다고 했으므로 상상, 알알, 제이의 등에는 모두 흰색 포스트잇이 붙어있지 않다는 것입니다. 따라서 나올 수 있는 경우는 오른쪽 표와 같이 7가지 경우입니다.

② 이때, 제이는 본인의 색을 알 수 있다고 했습니다. 제이의 색이 확실하게 정해지는 경우는 상상이와 알알이가 모두 흰색인 경우뿐입니다.
이 경우 제이의 등에 붙어있는 포스트잇의 색은 검은색입니다.

| 상상 | 알알 | 제이 | 무우 |
|---|---|---|---|
| 흰색 | 흰색 | 검은색 | 모름 |
| 흰색 | 검은색 | 흰색 | 모름 |
| 검은색 | 흰색 | 흰색 | 모름 |
| 검은색 | 검은색 | 흰색 | 모름 |
| 검은색 | 흰색 | 검은색 | 모름 |
| 흰색 | 검은색 | 검은색 | 모름 |
| 검은색 | 검은색 | 검은색 | 모름 |

대표문제2 확인하기 ........ P. 31

[정답] 280가지

[풀이 과정]

① 개별 정보에서 얻는 정보로 표를 채웁니다.
 i. ㉣ 특식은 화요일 점심과 목요일 점심에만 제공됩니다.
 ii. ㉥ 특식이 제공되는 날 아침은 양식이 제공됩니다.

| | 월 | 화 | 수 | 목 | 금 |
|---|---|---|---|---|---|
| 아침 | | 양식 | | 양식 | |
| 점심 | | 특식 | | 특식 | |
| 저녁 | | | | | |

② 2가지 이상의 조건에서 얻는 정보로 표를 채웁니다.
 i. 한식은 매일 제공되므로 화요일, 목요일 저녁은 한식이 제공됩니다. 월, 수, 금은 언제 제공되는지 알 수 없습니다.

| | 월 | 화 | 수 | 목 | 금 |
|---|---|---|---|---|---|
| 아침 | | 양식 | | 양식 | |
| 점심 | | 특식 | | 특식 | |
| 저녁 | | 한식 | | 한식 | |

③ 모든 정보를 얻을 수 없으므로 경우를 나누어서 식단표를 짜보도록 합니다.
 i. 월요일 아침에 한식이 나오는 경우
 조건 ㉡에 의해 수요일, 금요일 아침도 한식입니다.
 이때, 월요일 점심에는 일식, 중식, 양식 3가지 모두 들어갈 수 있고 저녁에는 점심에 제공된 메뉴를 제외한 나머지 2메뉴가 들어갈 수 있습니다. 따라서 총 3 × 2 = 6가지 경우가 생깁니다.
 이는 수요일과 금요일도 마찬가지이므로 총 경우의 수는 6 × 6 × 6 = 216가지 입니다.

| | 월 | 화 | 수 | 목 | 금 |
|---|---|---|---|---|---|
| 아침 | 한식 | 양식 | 한식 | 양식 | 한식 |
| 점심 | | 특식 | | 특식 | |
| 저녁 | | 한식 | | 한식 | |

 ii. 월요일 점심에 한식이 나오는 경우
 조건 ㉡에 의해 수요일, 금요일 점심도 한식입니다. 조건 ㉢에 의해 이 경우 월요일 아침과 저녁에 메뉴를 넣을 수 있는 경우의 수는 (일, 중), (일, 양), (중, 일), (중, 양) 4가지 입니다. 이는 수요일, 금요일도 마찬가지이므로 총 경우의 수는 4 × 4 × 4 = 64가지입니다.

| | 월 | 화 | 수 | 목 | 금 |
|---|---|---|---|---|---|
| 아침 | | 양식 | | 양식 | |
| 점심 | 한식 | 특식 | 한식 | 특식 | 한식 |
| 저녁 | | 한식 | | 한식 | |

④ 따라서 모든 경우의 수는 216 + 64 = 280가지입니다. (정답)

연습문제 01 ........ P. 32

[정답] 검은색

[풀이 과정]

① 만약 상상이, 알알이, 제이 3명 중 2명에게 흰색 포스트잇이 붙어있었다면 그걸 본 나머지 한 명은 본인의 등에 붙은 포스트잇의 색이 검은색이라는 것을 알게 되기 때문에 3명 중 2명이 흰색인 경우는 없습니다.

② 따라서 이 3명의 등에 붙은 포스트잇의 색은 (흰색, 검은색, 검은색) 또는 (검은색, 검은색, 검은색)입니다.
만약 3명의 등에 붙은 포스트잇의 색이 (흰색, 검은색, 검은색)이라면 이 세 명은 본인의 등에 붙은 포스트잇의 색을 알지 못합니다.
이들은 잠시 생각한 후 세 명이 동시에 모두 본인의 등에 붙은 색을 맞추었으므로 이 세 명의 등에 붙은 포스트잇의 색은 (검은색, 검은색, 검은색)입니다.

## 연습문제 02 P. 32

[정답] B, C, D

[풀이 과정]

① 먼저 조건들을 따라 A ~ G 7명을 2개의 그룹으로 나누도록 합니다.
　ⅰ. ㉡, ㉣, ㉤에 의해 A, E, F, G는 같은 문제를 풉니다.
　ⅱ. ㉢, ㉣, ㉤에 의해 B, C, D는 같은 문제를 풉니다.

② 조건 ㉥에 의해 F는 ⓑ 문제를 풉니다.
　따라서 A, E, F, G는 ⓑ 문제를 풀고 B, C, D는 ⓐ 문제를 풉니다.

## 연습문제 03 P. 33

[정답] A, C, E

[풀이 과정]

① 개별 정보로 얻을 수 있는 정보로 표를 채웁니다.
　ⅰ. 조건 ㉤으로 인해 영재교육원 ⓑ는 오후에 시험을 보고 E가 시험보러 갑니다.
　ⅱ. 조건 ㉥으로 인해 영재교육원 ⓐ는 오전에 시험을 보고 영재교육원 ⓓ는 오후에 시험을 본다는 것을 알게 됩니다.
　ⅲ. 따라서 영재교육원 ⓑ, ⓓ는 오후에, 나머지는 오전에 시험을 봅니다.

② 2가지 이상의 조건을 이용해서 얻는 정보로 표를 채웁니다.
　ⅰ. 조건 ㉡, ㉣, ㉧ 로 인해 C, D는 오전에 시험을 보게되고 A는 오후에 시험을 보게 됩니다.
　ⅱ. 조건 ㉦ 로 인해 C는 오전에 시험을 보는 ⓐ, ⓒ, ⓔ 중 ⓐ 로 시험을 보러 간다는 것을 알게 됩니다.

③ B와 D는 <보기>의 조건만을 이용해서는 ⓒ, ⓔ 중 어디로 시험을 보러가는지 판별할 수 없습니다.
　따라서 <보기>의 조건으로 시험보러 가는 영재교육원이 확실히 결정되는 학생은 A, C, E 입니다.

| 영재교육원 | ⓐ | ⓑ | ⓒ | ⓓ | ⓔ |
|---|---|---|---|---|---|
| 오전 | C | | D또는B | | D또는B |
| 오후 | | E | | A | |

## 연습문제 04 P. 33

[정답] 영화 C

[풀이 과정]

① 개별 조건에서 얻는 정보로 표를 채웁니다.
　ⅰ. 조건 ㉣으로 인해 무우는 1일에 영화 B를 봤습니다.
　ⅱ. 조건 ㉤으로 인해 상상이는 2일에 영화 B를 봤습니다.

| 무우 | | | 상상 | | | 알알 | | |
|---|---|---|---|---|---|---|---|---|
| 1일 | 2일 | 3일 | 1일 | 2일 | 3일 | 1일 | 2일 | 3일 |
| B | | | | B | | | | |

② 2가지 이상의 조건에서 얻는 정보로 표를 채웁니다.
　ⅰ. 조건 ㉡, ㉢, ㉣, ㉤으로 인해 알알이는 3일에 영화 B를 본 것이 됩니다.

| 무우 | | | 상상 | | | 알알 | | |
|---|---|---|---|---|---|---|---|---|
| 1일 | 2일 | 3일 | 1일 | 2일 | 3일 | 1일 | 2일 | 3일 |
| B | | | | B | | | | B |

③ 모든 정보를 얻을 순 없으므로 가정을 해서 모든 칸을 채우도록 합니다.
　알알이는 영화 A를 보지 않았으므로 알알이는 1일과 2일에 영화 C 또는 D를 본 것입니다.
　ⅰ. 알알이가 1일에 영화 C, 2일에 영화 D를 본 경우

| 무우 | | | 상상 | | | 알알 | | |
|---|---|---|---|---|---|---|---|---|
| 1일 | 2일 | 3일 | 1일 | 2일 | 3일 | 1일 | 2일 | 3일 |
| B | | C | A또는D | B | A또는D | C | D | B |

　조건 ㉣에 의해 무우는 3일에 영화 C를 보게 됩니다.
　조건 ㉡에 의해 같은 날에 같은 영화를 본 사람은 없으므로 상상이는 1일과 3일에 A 또는 D를 보게 됩니다. 따라서 상상이가 보지 못하는 영화는 영화 C입니다.
　ⅱ. 알알이가 1일에 영화 D, 2일에 영화 C를 본 경우

| 무우 | | | 상상 | | | 알알 | | |
|---|---|---|---|---|---|---|---|---|
| 1일 | 2일 | 3일 | 1일 | 2일 | 3일 | 1일 | 2일 | 3일 |
| B | | D | | B | | D | C | B |

　조건 ㉣에 의해 무우는 3일에 영화 D를 보게 됩니다.
　문제의 조건에서 무우가 C를 보려면 2일에 봐야 하는데 이 경우 알알이와 같은 날에 같은 영화를 보게 되므로 조건 ㉡에 모순이 되게 됩니다.

④ 따라서 ③ - ⅰ. 에 의해 무우가 C 영화를 봤다면 상상이는 영화 C를 보지 못하게 됩니다.

## 연습문제 05 P. 34

[정답] 풀이 과정 참조

[풀이 과정]

① 개별 조건에서 얻는 정보로 표를 채웁니다.
 ⅰ. 조건 ㉢에 의해 ⓒ, ⓔ는 영어 문제 D를 풉니다.
 ⅱ. 조건 ㉡에 의해 ⓐ은 수학 문제 B를 풉니다.
 ⅲ. 조건 ㉤에 의해 ⓑ는 국어 문제 E를 풉니다.

| 학생 | ⓐ | ⓑ | ⓒ | ⓓ | ⓔ | ⓕ |
|---|---|---|---|---|---|---|
| 푸는 문제 | B | E | D | | D | |

② 2가지 이상의 조건에서 얻을 수 있는 정보로 표를 채웁니다.
 ⅰ. 조건 ㉡으로 인해 학생 ⓑ가 푸는 나머지 한 문제는 A, C, D 중 한 가지입니다.

· 나머지 한 문제가 A인 경우
조건 ㉣에 의해 문제의 묶음이 (B, F), (A, E), (C, D)로 나뉘게 되는데 C와 D는 같은 과목의 문제 이므로 모순입니다.

· 나머지 한 문제가 C인 경우
조건 ㉣에 의해 문제의 묶음이 (B, F), (C, E), (A, D)로 나뉘게 됩니다. 모든 조건을 만족하기 위해선 아래의 표와 같이 문제를 풀면 됩니다. (정답)

| 학생 | ⓐ | ⓑ | ⓒ | ⓓ | ⓔ | ⓕ |
|---|---|---|---|---|---|---|
| 푸는 문제 | B, F | C, E | A, D | B, F | A, D | C, E |

· 나머지 한 문제가 D인 경우
문제의 묶음이 (D, E)가 되는데 D 문제를 푸는 사람이 ⓑ, ⓒ, ⓔ로 3명이 되어버리므로 조건 ㉠에 모순입니다.

| 학생 | ⓐ | ⓑ | ⓒ | ⓓ | ⓔ | ⓕ |
|---|---|---|---|---|---|---|
| 푸는 문제 | B, F | C, E | A, D | B, F | A, D | C, E |

## 연습문제 06 P. 34

[정답] 6만원

[풀이 과정]

① 조건 ㉢에 따라 상상이는 이틀 동안 3만원을 냈고 4명이 이틀 동안 낸 총 금액은 20만원이므로 무우, 알알, 제이 3명이 이틀 동안 낸 총 금액은 17만원입니다.

| 학생 | 무우 | | 상상 | | 알알 | | 제이 | |
|---|---|---|---|---|---|---|---|---|
| 요일 | 토 | 일 | 토 | 일 | 토 | 일 | 토 | 일 |
| 금액 | | | 3 | | 1.5 | | | |

② 제이가 토요일에 낸 금액을 A, 일요일에 낸 금액을 B라고 하고 조건에 맞게 표를 채우면 아래와 같습니다.

| 학생 | 무우 | | 상상 | | 알알 | | 제이 | |
|---|---|---|---|---|---|---|---|---|
| 요일 | 토 | 일 | 토 | 일 | 토 | 일 | 토 | 일 |
| 금액 | A + 1 | B + 1 | 3 | | 1.5 | 6 − B | A | B |

③ 총 금액이 20만원이므로 식은 아래와 같습니다.
$(A + 1) + (B + 1) + 3 + 1.5 + (6 - B) + A + B = 20$
이를 정리하면 $(2 \times A) + B = 7.5$이고 A와 B는 5천원 단위이므로 만족하는 순서쌍은 아래와 같습니다.
$(A, B) = (0.5, 6.5), (1, 5.5), \cdots, (3, 1.5), (3.5, 0.5)$

④ 무우가 이틀 동안 내는 금액은 $(A + B + 2)$입니다.
(A, B)의 순서쌍 중 이 금액이 최소가 되는 금액은 $(A, B) = (3.5, 0.5)$일때, 6만원입니다.

⑤ 따라서 제이가 토요일에 3.5만원, 일요일에 0.5만원을 썼을 때 무우가 낸 최소금액은 총 6만원으로 가장 적어지게 됩니다. (정답)

연습문제 **07** P. 35

[정답] 풀이 과정 참조

[풀이 과정]

① 2등을 한 사람이 A일 경우와 B일 경우로 나누어서 생각해 보도록 합니다.

② A가 2등을 한 경우

| 순위 | 1 | 2 | 3 | 4 | 5 | 6 |
|---|---|---|---|---|---|---|
| 학생 | | A | | | | |

D와  F 사이에는 2명이 있으므로 D와 F는 (1등, 4등) 또는 (3등, 6등)입니다.

ⅰ. D와 F가 (1등, 4등)인 경우

F는 A보다 늦게 결승선을 통과했으므로 D가 1등, F가 4등입니다.

| 순위 | 1 | 2 | 3 | 4 | 5 | 6 |
|---|---|---|---|---|---|---|
| 학생 | D | A | | F | | |

E는 B의 바로 다음 순서로 결승선을 통과했으므로 B는 5등, E는 6등이 되고 C는 3등이 됩니다.
이 경우 모든 조건을 만족하는 정답인 경우가 됩니다.

| 순위 | 1 | 2 | 3 | 4 | 5 | 6 |
|---|---|---|---|---|---|---|
| 학생 | D | A | C | F | B | E |

ⅱ. D와 F가 (3등, 6등)인 경우

E가 B의 바로 다음 순서로 결승선을 통과했으므로 3, 4, 5, 6등은 (D, B, E, F) 또는 (F, B, E, D)가 됩니다. 따라서 C가 1등이 되고 이는 조건 ㉢에 모순이 됩니다.

③ B가 2등을 한 경우

| 순위 | 1 | 2 | 3 | 4 | 5 | 6 |
|---|---|---|---|---|---|---|
| 학생 | | B | | | | |

E는 B의 바로 다음 순서로 결승선을 통과했으므로 3등은 E이고, D와 F의 순위 사이에는 2명이 있으므로 1, 2, 3, 4등은 (D, B, E, F) 또는 (F, B, E, D)입니다.
따라서 A는 5등 또는 6등이 되므로 이는 조건 ㉥에 모순이 됩니다.

④ 따라서 모든 조건을 만족하는 경우는 아래의 표와 같은 경우뿐입니다. (정답)

| 순위 | 1 | 2 | 3 | 4 | 5 | 6 |
|---|---|---|---|---|---|---|
| 학생 | D | A | C | F | B | E |

연습문제 **08** P. 35

[정답] C

[풀이 과정]

① A는 B, C, D 세 명 모두 어떤 색의 모자를 쓰고 있는지 보지 못합니다. 따라서 A는 본인이 어떤 색의 모자를 쓰고 있는지 알 수 없습니다.

② B도 A, C, D 세 명 모두 어떤색의 모자를 쓰고 있는지 보지 못합니다. 따라서 B도 본인이 어떤 색의 모자를 쓰고 있는지 알 수 없습니다.

③ D는 B와 C가 쓰고 있는 모자의 색만 볼 수 있습니다. 만약 B와 C의 모자의 색이 같다면 D는 총 모자의 개수가 흰색 2개, 검은색 2개 라는 것을 알고 있으므로 본인의 모자의 색을 맞출 수 있습니다.
하지만 현재는 B는 흰색, C는 검은색으로 서로 다르고 D는 벽 때문에 A가 어떤 색의 모자를 쓰고 있는지 알 수 없으므로 본인이 어떤 색의 모자를 쓰고 있는지 알 수 없습니다.

④ 만약 D가 정답을 알지 못해서 대답을 하지 못한다면 C는 본인이 쓰고 있는 모자의 색을 알 수 있습니다.
D가 정답을 말하지 못한다는 것은 B와 C가 쓰고 있는 모자의 색이 서로 다르다는 뜻이므로 B가 흰색 모자를 쓰고 있다는 것을 C는 볼 수 있기 때문에 본인의 모자의 색이 검은색이라는 것을 알 수 있습니다.

심화문제 **01** P. 36

[정답] 풀이 과정 참조

[풀이 과정]

① 이 8명의 논리학자들은 아래의 내용과 같이 본인들만의 룰을 짠 것입니다.
<룰> 나보다 작은 사람들이 쓰고 있는 모자의 색을 세고, 전체 흰색 모자의 개수가 짝수 개면 흰색이라고 대답하고 흰색 모자의 개수가 홀수 개면 검은색이라고 대답합니다.

② 이렇게 말하면 처음에 말하는 가장 키가 큰 사람은 본인의 모자의 색을 맞추지 못할 수 있지만 그 다음에 본인의 모자의 색을 말하는 사람들은 모두 본인의 모자의 색을 맞출 수 있게 됩니다.

③ 따라서 이 8명 중 반드시 7명 이상은 본인의 모자 색을 맞출 수 있습니다.

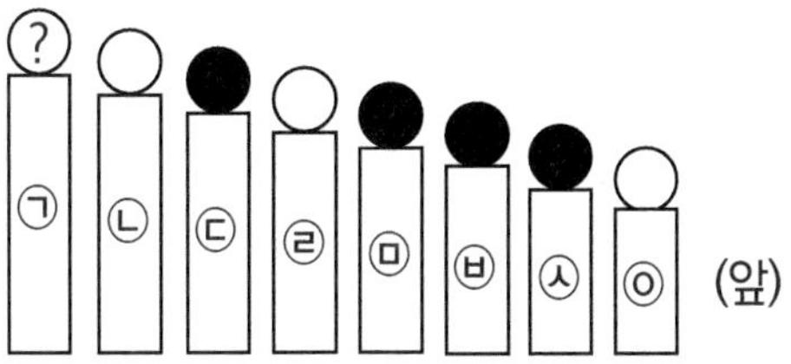


③ 예를 들어 위의 그림과 같은 상황이라고 생각해봅니다.

ⅰ. 키가 가장 큰 ㉠이 가장 먼저 말하는데 ㉠이 봤을 때, 나머지 7명 중 흰색 모자를 쓰고 있는 사람은 3명이므로 흰색 모자의 개수는 홀수 개입니다. 따라서 ㉠은 검은색이라고 대답합니다.

ⅱ. 다음 차례인 ㉡이 자기보다 작은 6명의 모자 색을 봤을 땐 흰색 모자의 개수는 2개이므로 짝수 개입니다. 따라서 ㉡은 본인의 모자색이 흰색인 것을 알고 흰색 이라고 대답합니다.

ⅲ. 다음 ㉢은 자기보다 작은 5명 중 흰색 모자의 개수는 2개이고, ㉡이 흰색이라고 했으므로 전체 흰색 모자는 3개 홀수이므로 검은색이라고 답합니다.

ⅳ. 이와 같은 방식으로 대답하면 ㉠은 본인의 모자의 색을 맞추기에 실패할 수 있으나 ㉡ ~ ㉧은 반드시 본인의 모자색을 맞출 수 있게 됩니다.

## 심화문제 02 P. 37

[정답] 풀이 과정 참조

[풀이 과정]

① 개별 조건에서 얻을 수 있는 정보로 표를 채워봅니다.

ⅰ. 조건 ㉡에서 1세트에서 E는 8반 대표와 시합했습니다.
ⅱ. 조건 ㉣에서 2세트에서 4반 대표와 7반 대표가 시합했습니다.
ⅲ. 조건 ㉤에서 3반 대표는 3세트에서 시합했습니다.
ⅳ. 조건 ㉥에서 C는 4세트에서 시합했습니다.
ⅴ. 조건 ㉦에서 7반 대표는 5세트에서 시합했습니다.
ⅵ. 조건 ㉧에서 3세트에서 5반 대표와 A가 시합했습니다.
ⅶ. 조건 ㉨에서 6세트에서 승리한 B는 7세트 시합을 합니다.

| 세트 | 7세트 | | | | | | | |
|---|---|---|---|---|---|---|---|---|
| 반 | | | | | | | | |
| 학생 | | | | | B | | | |
| 세트 | 5세트 | | | | 6세트 | | | |
| 반 | | | 7 | | 5 | | | |
| 학생 | | | | | | | | |
| 세트 | 1세트 | | 2세트 | | 3세트 | | 4세트 | |
| 반 | 8 | | 4 | 7 | 3 | 5 | | |
| 학생 | | E | | | A | | C | |

② 2가지 이상의 조건에서 얻을 수 있는 정보로 표를 채워봅니다.

ⅰ. 조건 ㉢에서 6반 대표는 1반 대표와 첫 번째 경기를 했으므로 4세트에서 경기한 것이고 1세트에서 경기한 학생 E는 2반 학생이고 C는 1반 학생이 됩니다.

ⅱ. 조건 ㉩에서 G는 우승했으므로 7세트에서 경기한 나머지 한 학생은 G입니다. 또한 G는 5세트를 이기고 올라온 것이므로 2, 4, 7, 8반 대표 중 한 명입니다.
조건 ㉢에서 6반 대표는 총 3경기를 했는데 이는 7세트까지 경기를 했다는 것이고 G가 아니므로 B가 6반 대표가 됩니다.

| 세트 | 7세트 | | | | | | | |
|---|---|---|---|---|---|---|---|---|
| 반 | | | | | 6 | | | |
| 학생 | G | | | | B | | | |
| 세트 | 5세트 | | | | 6세트 | | | |
| 반 | | | 7 | | 5 | | 6 | |
| 학생 | | | | | | | B | |
| 세트 | 1세트 | | 2세트 | | 3세트 | | 4세트 | |
| 반 | 8 | 2 | 4 | 7 | 3 | 5 | 1 | 6 |
| 학생 | | E | | | A | | C | B |

③ 나머지 정보들을 가정해보면서 표를 완성시키면 다음과 같습니다.

| 세트 | 7세트 | | | | | | | |
|---|---|---|---|---|---|---|---|---|
| 반 | 8 | | | | 6 | | | |
| 학생 | G | | | | B | | | |
| 세트 | 5세트 | | | | 6세트 | | | |
| 반 | 8 | | 7 | | 5 | | 6 | |
| 학생 | G | | F | | D | | B | |
| 세트 | 1세트 | | 2세트 | | 3세트 | | 4세트 | |
| 반 | 8 | 2 | 4 | 7 | 3 | 5 | 1 | 6 |
| 학생 | G | E | H | F | A | D | C | B |

심화문제 **03** ······························ P. 38

[정답] 풀이 과정 참조

[풀이 과정]

① 개별 조건에서 얻을 수 있는 정보로 표를 채워 봅니다.

ⅰ. 조건 ㉪에 따라 D는 1번째 집에 살고 있습니다.

ⅱ. 조건 ㉨에 따라 정 가운데에 있는 3번째 집은 흰색 집이고 B는 우유를 마십니다.

| | 1번째 집 | 2번째 집 | 3번째 집 | 4번째 집 | 5번째 집 |
|---|---|---|---|---|---|
| 집 색깔 | | | 흰색 | | |
| 사는 사람 | D | | B | | |
| 하는 운동 | | | | | |
| 애완 동물 | | | | | |
| 음료 | | | 우유 | | |

② 2가지 이상의 조건에서 얻을 수 있는 정보로 표를 채워 봅니다.

ⅰ. 조건 ㉮에 따라 2번째 집은 파란색 집입니다.

ⅱ. 조건 ㉦에 따라 초록색 집은 흰색 집의 바로 오른쪽에 있으므로 4번째 집은 초록색 집입니다.

ⅲ. 조건 ㉢에 따라 A는 빨간색 집에 살고 있으므로 5번째 집이 A가 사는 집이 되고 1번째 집은 노란색이 됩니다.

| | 1번째 집 | 2번째 집 | 3번째 집 | 4번째 집 | 5번째 집 |
|---|---|---|---|---|---|
| 집 색깔 | 노란색 | 파란색 | 흰색 | 초록색 | 빨간색 |
| 사는 사람 | D | | B | | A |
| 하는 운동 | | | | | |
| 애완 동물 | | | | | |
| 음료 | | | 우유 | | |

ⅳ. 조건 ㉤에 따라 초록색 집에 사는 사람은 커피를 마십니다.

ⅴ. 조건 ㉧에 따라 노란색 집에 사는 사람은 축구를 합니다.

ⅵ. 조건 ㉫에 따라 축구하는 사람의 옆집인 2번째 집에서는 거북이를 키웁니다.

ⅶ. 조건 ㉤, ㉥에 따라 C는 녹차를 마시므로 2번째 집에서 마시는 것이 되고 4번째 집은 E가 사는 것이 됩니다.

ⅷ. 조건 ㉣에 따라 B는 개를 키웁니다.

ⅸ. 조건 ㉭에 따라 야구하는 사람이 오렌지 주스를 마시기 위해선 A가 하게 되고 남은 음료인 물은 D가 마시는 것이 됩니다.

ⅹ. 조건 ㉧에 따라 농구를 하는 사람이 고양이를 키우기 위해선 4번째 집에서 E가 키워야 합니다.

| | 1번째 집 | 2번째 집 | 3번째 집 | 4번째 집 | 5번째 집 |
|---|---|---|---|---|---|
| 집 색깔 | 노란색 | 파란색 | 흰색 | 초록색 | 빨간색 |
| 사는 사람 | D | C | B | E | A |
| 하는 운동 | 축구 | | | 농구 | 야구 |
| 애완 동물 | | 거북이 | 개 | 고양이 | |
| 음료 | 물 | 녹차 | 우유 | 커피 | 오렌지 주스 |

③ 나머지 조건들을 이용해 표의 남은 부분을 채우면 정답은 아래와 같습니다. (정답)

| | 1번째 집 | 2번째 집 | 3번째 집 | 4번째 집 | 5번째 집 |
|---|---|---|---|---|---|
| 집 색깔 | 노란색 | 파란색 | 흰색 | 초록색 | 빨간색 |
| 사는 사람 | D | C | B | E | A |
| 하는 운동 | 축구 | 줄넘기 | 달리기 | 농구 | 야구 |
| 애완 동물 | 고슴도치 | 거북이 | 개 | 고양이 | 햄스터 |
| 음료 | 물 | 녹차 | 우유 | 커피 | 오렌지 주스 |

심화문제 **04** ······························ P. 39

[정답] C, F

[풀이 과정]

① 개별 조건에서 알 수 있는 정보를 찾아봅니다.

ⅰ. 조건 ㉢에 의해 빈 자리 2개는 가장 바깥쪽에 있어야 하고 한 줄에 있으면 안되므로 6명이 앉을 수 있는 방법은 아래와 같습니다.

ⅱ. 조건 ㉥에 따라 앞자리가 비어 있는 사람이 있으므로 6명이 앉을 수 있는 방법은 아래와 같습니다.

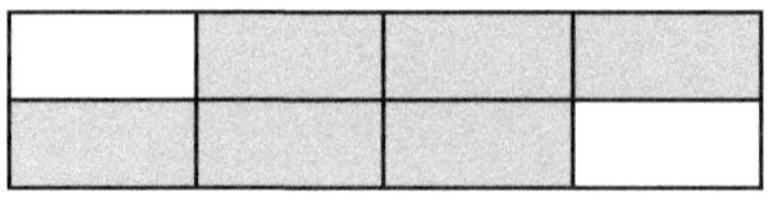

② 2가지 이상의 조건에서 얻을 수 있는 정보를 생각해 봅니다. 조건 ㉤, ㉦, ㉧에서 E와 F, C는 다른 줄에 앉습니다. 한 줄에는 최대 3명까지만 앉을 수 있는데 A와 D가 같은 줄에 앉는다고 했으므로 E, A, D는 같은 줄에 앉는 것이 됩니다. 따라서 B, C, F도 같은 줄에 앉는 것이 됩니다.

③ 이 6명을 모든 조건에 맞게 앉히는 방법은 아래와 같습니다. (정답)

| | | | |
|---|---|---|---|
| | D | E | A |
| C | B | F | |

창의적문제해결수학 **01** ······························ P. 40

[정답] 흰색

[풀이 과정]

① 만약 (무우, 상상, 알알) 3명이 쓰고 있는 모자의 색이 (검정, 검정, 빨강)이었다면 가장 뒤에 앉은 제이는 본인이 쓰고 있는 모자의 색이 흰색 이라는 것을 바로 알 수 있습니다. 따라서 (무우, 상상, 알알) 3명이 쓰고 있는 모자의 색은 (흰, 흰, 검), (흰, 흰, 빨), (흰, 검, 검), (흰, 검, 빨), (흰, 흰, 흰)중 하나입니다. → (순서 상관없이)

② 알알이는 제이가 "모른다" 라고 대답했으므로 (무우, 상상, 알알) 3명 중 적어도 1명은 흰색 모자를 쓰고 있다는 것을 알 수 있습니다.
알알이가 (무우, 상상) 2명이 쓰고 있는 모자를 봤을 때, 볼 수 있는 경우는 (흰, 흰), (흰, 검), (흰, 빨), (검, 빨), (검, 검) 총 5가지입니다. → (순서 상관없이)
이 중 (무우, 상상) 2명이 쓰고 있는 모자 색이 (검, 빨), (검, 검)이라면 알알이는 본인이 쓰고 있는 모자의 색이 흰색이라는 것을 알 수 있습니다.
따라서 (무우, 상상) 2명이 쓰고 있는 모자의 색은 (흰, 흰), (흰, 검), (흰, 빨)중 하나입니다.

③ (무우, 상상) 2명이 쓰고 있는 모자의 색은 (흰, 흰), (흰, 검), (흰, 빨)중 하나이므로 상상이가 볼 수 있는 무우가 쓴 모자의 색은 (흰), (검), (빨)중 하나입니다.
만약 상상이가 본 무우가 쓴 모자의 색이 (검) 또는 (빨)이라면 상상이는 ②와 마찬가지의 논리로 본인이 쓰고 있는 모자의 색이 흰색이라는 것을 알 수 있습니다.
하지만 상상이는 "모른다" 라고 했으므로 무우가 쓴 모자의 색은 (검), (빨)이 아닙니다.

④ 따라서 무우는 본인이 흰색 모자를 쓰고 있다는 것을 알 수 있습니다. (정답)

창의적문제해결수학 **02** ········· P. 41

[정답] 풀이 과정 참조

[풀이 과정]

① A, B 2명 중 A에게 가서 다음과 같이 물어보도록 합니다.
"제가 B한테 디오니소스 극장으로 가는 길을 물어보면 B가 어떤 길을 알려줄까요 ? "

ⅰ. A가 참말족이고 B가 거짓말족일 경우
B에게 디오니소스 극장으로 가는 길을 물어보면 B는 반대쪽 길을 알려줄테고 그 사실을 A는 참말로 말해줄 것이므로 위의 질문에 대해 A가 참말족이라면 디오니소스 극장의 반대쪽 길을 알려줍니다.

ⅱ. B가 참말족이고 A가 거짓말족일 경우
B에게 디오니소스 극장으로 가는 길을 물어보면 B는 정확한 길을 알려줄테고 그 사실을 A는 거짓말로 말해줄 것이므로 위의 질문에 대해 A가 거짓말족이라면 디오니소스 극장의 반대쪽 길을 알려줍니다.

② 이와 같이 A, B가 참말족, 거짓말족인가에 해당 질문에 돌아오는 답변은 항상 디오니소스 극장의 반대쪽 길입니다.
따라서 일행들은 위와 같이 물어본 후 알려주는 길과 다른 길로 가면 디오니소스 극장으로 도착할 수 있습니다.

# 3. 다른 질량 찾기

대표문제1 확인하기 ········· P. 47

[정답] 풀이 과정 참조

[풀이 과정]

① 먼저 12개의 동전을 4개씩 3개의 묶음으로 나눕니다.

② 그 중 2개의 묶음을 양팔 저울에 올려보면 아래와 같이 2가지 경우가 나오게 됩니다.

ⅰ. 양팔 저울이 수평을 이루는 경우 : 저울에 올리지 않은 4개의 묶음안에 질량이 큰 동전이 있습니다.

ⅱ. 양팔 저울이 기우는 경우 : 아래로 내려가는 4개의 묶음안에 질량이 큰 동전이 있습니다.

③ 질량이 큰 동전을 포함한 4개의 묶음을 찾은 후 그 묶음을 2개씩 2묶음으로 나눕니다.
저울이 내려가는 쪽에 있는 2개의 묶음 중 질량이 큰 동전이 있으며 그 2개를 양팔 저울에 비교해보면 질량이 큰 동전을 총 3번 양팔 저울을 사용해서 찾을 수 있습니다.

대표문제2 확인하기 ········· P. 49

[정답] (㉡과 ㉢), (㉢과 ㉣)

[풀이 과정]

① 질량 순서를 합치면 다음과 같습니다.
㉠ < ㉡ < ㉣, ㉠ < ㉢

② 따라서 모든 질량 순서를 알기 위해선 (㉡과 ㉢), (㉢과 ㉣)를 양팔저울로 비교해야 합니다.

## 연습문제 01 P. 50

[정답] 최소 5회

[풀이 과정]

① 양팔 저울을 이용하면 일정량의 소금을 절반씩 2묶음으로 나누는 것이 가능합니다.

② 160g의 소금을 양팔 저울을 이용해서 80g,80g으로 나눕니다.

③ 80g의 소금을 양팔 저울을 이용해서 40g, 40g으로 나눕니다.

④ 40g의 소금을 양팔 저울을 이용해서 20g, 20g으로 나눕니다.

⑤ 20g의 소금을 양팔 저울을 이용해서 10g, 10g으로 나눕니다.

⑥ 10g의 소금을 양팔 저울을 이용해서 5g, 5g으로 나눕니다.

⑦ 나눠놓았던 소금 묶음 중 20g, 10g, 5g을 합치면 35g의 소금을 덜어낼 수 있게 됩니다.

⑧ 따라서 35g을 덜어내려면 양팔 저울을 최소 5회 사용해야 합니다.

## 연습문제 02 P. 50

[정답] 3회

[풀이 과정]

① 먼저 6개의 조각품을 3개씩 2개의 묶음으로 나눠서 양팔 저울에 올려보면 아래와 같이 2가지 경우가 나오게 됩니다.
ⅰ. 양팔 저울이 수평을 이루는 경우
ⅱ. 양팔 저울이 기우는 경우

② 양팔 저울이 수평을 이루는 경우
양쪽에 모조품이 1개씩 있다는 것이 됩니다.
한쪽에 있는 3개 중 2개를 양팔 저울에 달아봤을 때, 수평이라면 달지 않은 1개의 조각품이 모조품이고 한쪽으로 기운다면 올라가는 쪽에 있는 조각품이 모조품입니다.
이는 반대쪽에 있던 3개 중 1개의 모조품을 찾아낼 때도 마찬가지입니다.
따라서 이 경우 양팔 저울을 총 3회 사용해야 2개의 모조품을 찾아낼 수 있습니다.

③ 양팔 저울이 기우는 경우
올라가는 쪽에 있는 3개의 조각품 중 2개가 모조품이라는 것입니다.
따라서 이 3개의 조각품 중 임의로 2개를 골라 양팔 저울에 달았을 때, 수평을 이룬다면 이 2개가 모조품인 것이고 기울어진다면 올라가는 쪽에 있는 조각품과 양팔 저울에 달지 않은 조각품이 모조품인 것이 됩니다.
따라서 이 경우 양팔 저울을 총 2회 사용해야 2개의 모조품을 찾아낼 수 있습니다.

④ 따라서 모든 경우에 2개의 모조품을 반드시 찾아낼 수 있어야 하는 양팔 저울의 최소 사용 횟수는 3회입니다. (정답)

## 연습문제 03 P. 50

[정답] 풀이 과정 참조

[풀이 과정]

① 11g 짜리 추를 양팔 저울의 한쪽에 놓고 수평을 이루도록 219g의 밀가루를 양쪽에 나눠서 담으면 한쪽에는 115g의 밀가루가 있게되고 다른 한쪽에는 104g의 밀가루와 11g 짜리 추가 있게 됩니다.
그 다음에는 104g의 밀가루와 4g 짜리 추를 이용합니다.

② 4g 짜리 추를 양팔 저울의 한쪽에 놓고 수평을 이루도록 104g의 밀가루를 양쪽에 나눠서 담으면 한쪽에는 54g의 밀가루가 있게되고 다른 한쪽에는 50g의 밀가루와 4g 짜리 추가 있게 됩니다.

③ 이 중 50g의 밀가루를 덜어내면 양팔 저울과 추를 이용해서 50g의 밀가루를 덜어낼 수 있게 됩니다.

## 연습문제 04 P. 51

[정답] 33번

[풀이 과정]

① 34개의 구슬을 2개씩 17묶음으로 만들어서 양팔 저울에 각각 비교해보도록 합니다.
각 시행에서 무거운 구슬들을 모두 모으면 양팔 저울을 17번 이용해서 17개의 구슬을 골라낼 수 있습니다. 가장 질량이 큰 구슬은 이 17개의 구슬 중에 반드시 있게 됩니다.
→ 17번 사용

② 골라낸 17개의 구슬을 2개씩 8묶음과 1개로 만들어서 남은 1개를 제외한 각 묶음에 있는 구슬끼리 양팔 저울에 비교해보도록 합니다.
각 시행에서 무거운 구슬들과 남은 1개를 모두 모으면 양팔 저울을 8번 이용해서 9개의 구슬을 골라낼 수 있습니다.
→ 8번 사용

③ 골라낸 9개의 구슬을 2개씩 4묶음과 1개로 만들어서 남은 1개를 제외한 각 묶음에 있는 구슬끼리 양팔 저울에 비교해보도록 합니다.
각 시행에서 무거운 구슬들과 남은 1개를 모두 모으면 양팔 저울을 4번 이용해서 5개의 구슬을 골라낼 수 있습니다.
→ 4번 사용

④ 골라낸 5개의 구슬을 2개씩 2묶음과 1개로 만들어서 남은 1개를 제외한 각 묶음에 있는 구슬끼리 양팔 저울에 비교해보도록 합니다.
각 시행에서 무거운 구슬들과 남은 1개를 모두 모으면 양팔 저울을 2번 이용해서 3개의 구슬을 골라낼 수 있습니다.
→ 2번 사용

⑤ 골라낸 3개의 구슬 중 2개를 양팔 저울에 올려서 둘 중 무거운 구슬을 골라냅니다. → 1번 사용
위에서 골라낸 무거운 구슬과 나머지 1개의 구슬을 양팔 저울에 올려서 둘 중 무거운 구슬을 골라내면 이 구슬이 34개의 구슬 중 가장 질량이 무거운 구슬이 됩니다.
→ 1번 사용

⑥ 따라서 서로 질량이 다른 34개의 구슬 중 가장 질량이 큰 구슬을 찾기 위해선 양팔 저울을 총
17 + 8 + 4 + 2 + 1 + 1 = 33번 사용해야 합니다.
(정답)

## 연습문제 05 ········ P. 51

[정답] 풀이 과정 참조

[풀이 과정]

21개의 동전을 10개씩 두 묶음과 1개로 만들어서 10개짜리 두 묶음을 양팔 저울에 올려보면 아래와 같이 2가지 경우가 나옵니다.

① 양팔 저울이 수평을 이루는 경우
양팔 저울이 수평을 이루는 경우 10개짜리 두 묶음에 있는 동전이 모두 정상 동전이고 나머지 1개의 동전이 불량 동전이라는 것이 됩니다.

② 양팔 저울이 한쪽으로 기우는 경우
양팔 저울이 기우는 경우 이 두 묶음 중 한 묶음에 불량 동전이 있다는 것이 됩니다. 내려간 쪽에 있는 10개의 동전을 5개씩 두 묶음으로 나눠서 양팔 저울에 올려보도록 합니다.

ⅰ. 수평을 이룬다면 올라간 쪽에 불량 동전이 포함되어 있다는 것이고 불량 동전은 정상 동전보다 가벼운 것으로 판별할 수 있습니다.

ⅱ. 한쪽으로 기운다면 내려간 쪽에 있는 10개의 동전 중 불량 동전이 포함되어 있는 것이 됩니다. 따라서 불량 동전은 정상 동전에 비해 무거운 것으로 판별할 수 있습니다.

## 연습문제 06 ········ P. 52

[정답] 8번

[풀이 과정]

① 서로 질량이 다른 4개의 질량 순서를 알기 위해선 양팔 저울을 최소 5번 사용해야 합니다.

② 질량 순서가 정해져 있는 A < B < C < D와 E의 질량 순서를 비교한 방법은 다음과 같습니다.

ⅰ. 가장 먼저 A와 비교하는 경우 : 최악의 경우 B, C, D모두와 양팔 저울을 이용해 비교해 보아야 합니다. 따라서 양팔 저울을 추가로 4번 사용해야 모든 질량 순서를 알 수있고 양팔 저울을 사용하는 총 횟수는 5 + 4 = 9번입니다.

ⅱ. 가장 먼저 B와 비교하는 경우 : E < B인 경우 A와 E를 비교해보면 모든 질량 순서를 알 수 있습니다. B < E인 경우 C와 E, D와 E를 비교해봐야 모든 질량 순서를 알 수 있습니다. 따라서 이 경우 양팔 저울을 추가로 최소 3번 사용해야하므로 양팔 저울을 사용하는 총 횟수는
5 + 3 = 8번 입니다.

ⅲ. 가장 먼저 C와 비교하는 경우 : ⅱ. 와 마찬가지로 양팔 저울을 총 8번 사용하면 모든 질량 순서를 알수 있습니다.

ⅳ. 가장 먼저 D와 비교하는 경우 : ⅰ. 과 마찬가지로 양팔 저울을 총 9번 사용하면 모든 질량 순서를 알수 있습니다.

③ 따라서 B 또는 C와 먼저 비교를 해야 양팔 저울을 적게 사용하게 되고 이 경우 양팔 저울을 사용하는 총 횟수는 8번입니다. (정답)

**연습문제 07** P. 52

[정답] 최소 3번

[풀이 과정]

① 5개의 구슬을 ⓐ, ⓑ, ⓒ, ⓓ, ⓔ라고 하고 먼저 양팔 저울에 ⓐ와 ⓑ를 비교해봅니다.

ⅰ. ⓐ = ⓑ 인 경우

ⓐ와 ⓑ는 둘 다 100g 짜리 구슬입니다. ⓒ, ⓓ, ⓔ는 서로 무게가 다르므로 2번째로 ⓒ와 ⓓ를 양팔 저울에 비교해보면 반드시 한쪽으로 기울게 됩니다.

3번째로 ⓐ와 ⓔ를 비교했을 때, 수평을 이루면 ⓔ는 100g 짜리 추이고 ⓒ와 ⓓ 중 내려간 쪽에 있는 구슬이 120g, 올라간 쪽에 있는 구슬이 80g 짜리가 됩니다.

ⓐ > ⓔ 라면 ⓔ는 80g 짜리 추이고 ⓒ와 ⓓ 중 올라간 쪽에 있는 구슬이 100g, 내려간 쪽에 있는 구슬이 120g 짜리 추가 됩니다.

ⅱ. ⓐ, ⓑ를 비교했을 때 기울어지는 경우

2번째로 ⓒ와 ⓓ를 비교해봅니다.

· ⓒ와 ⓓ가 수평을 이룬다면 이 두 구슬은 100g 짜리 구슬입니다. 3번째로 ⓒ와 ⓔ를 비교했을 때 수평이면 ⓔ는 100g 짜리 구슬이고 ⓐ와 ⓑ중 내려간 쪽에 있는 구슬이 120g , 올라간 쪽에 있는 구슬이 80g 짜리 구슬이 됩니다.

· ⓒ와 ⓓ를 올렸을 때 한쪽으로 기운다면 ⓔ는 100g 짜리 구슬입니다. 3번째로 ⓒ와 ⓔ를 비교하면 각 구슬의 무게를 모두 알 수 있게 됩니다.

② 따라서 모든 경우에 양팔 저울을 3번만 사용하면 80g 짜리 구슬과 120g 짜리 구슬을 각각 골라낼 수 있습니다.

**연습문제 08** P. 53

[정답] 1g, 3g, 9g

[풀이 과정]

양 쪽에 추를 올려서 차를 이용하는 방법을 이용하도록 합니다.

① 1g 무게를 측정하기 위해선 반드시 1g 짜리 추가 필요합니다.

② 2g 무게를 측정하기 위해선 2g 짜리 추 또는 3g 짜리 추가 필요합니다. 추를 최대한 적게 사용해야 하므로 3g 짜리 추를 사용하도록 합니다.

③ 4g 은 3g + 1g으로 측정할 수 있습니다.

④ 5g 무게를 측정하기 위해선 5g 짜리, 6g 짜리, 8g 짜리, 9g 짜리 추 중 한 개가 필요합니다.

이 중 가장 무거운 9g 짜리 추를 사용하도록 합니다.

⑤ 1g, 3g, 9g 짜리 추와 양팔 저울을 이용하면 아래와 같이 1g ~ 13g 까지 모든 무게를 측정할 수 있습니다.

| | | | |
|---|---|---|---|
| 1g | 1g | 8g | (9 - 1)g |
| 2g | (3 - 1)g | 9g | 9g |
| 3g | 3g | 10g | (1 + 9)g |
| 4g | (1 + 3)g | 11g | (3 + 9 - 1)g |
| 5g | 9 - (1 + 3)g | 12g | (3 + 9)g |
| 6g | (9 - 3)g | 13g | (1 + 3 + 9)g |
| 7g | (9 + 1 - 3)g | | |

**연습문제 09** P. 53

[정답] 54번

[풀이 과정]

① 먼저 아래와 같은 방법으로 가장 무거운 구슬을 찾도록 합니다.

50개의 구슬을 2개씩 25묶음으로 묶어서 묶음 내의 두 구슬을 서로 비교해서 둘 중 무거운 구슬 25개만 남깁니다.

→ 25번 양팔 저울을 사용

마찬가지로 무거운 25개의 구슬을 2개씩 묶어서 서로 비교했을 때 무거운 구슬 12개와 남은 1개의 구슬을 남깁니다.

→ 12번 양팔 저울을 사용

13개의 구슬을 2개씩 묶어서 서로 비교했을 때 무거운 구슬 6개와 남은 1개의 구슬을 남깁니다.

→ 6번 양팔 저울을 사용

7개의 구슬을 2개씩 묶어서 서로 비교했을 때 무거운 구슬 3개와 남은 1개의 구슬을 남깁니다.

→ 3번 양팔 저울을 사용

4개의 구슬을 2개씩 묶어서 서로 비교했을 때 무거운 구슬 2개만 남깁니다.

→ 2번 양팔 저울을 사용

2개의 구슬을 비교하면 가장 무거운 구슬 A를 찾을 수 있습니다.

→ 1번 양팔 저울을 사용

이를 도식화하면 다음과 같습니다.

50개 → 25개 → 13개 → 7개 → 4개 → 2개 → A

↑ ↑ ↑ ↑ ↑ ↑

ⓐ ⓑ ⓒ ⓓ ⓔ ⓕ

② 각 단계 ⓐ, ⓑ, ⓒ, ⓓ, ⓔ, ⓕ 에서 A와 묶음이어서 서로 비교한 구슬을 모두 모으면 총 6개의 구슬이 모이게 됩니다. 두 번째로 무거운 구슬은 이 6개의 구슬 중 가장 무거운 구슬입니다. 이 6개의 구슬을 2개씩 묶어서 위와 같은 방식으로 이 중 가장 무거운 구슬을 찾아내도록 합니다.

6개 → 3개 → 2개 → 1개

③ 따라서 서로 다른 질량을 가진 50개의 구슬에서 2번째로 질량이 큰 구슬을 찾기위해선 양팔 저울을 최소한 25 + 12 + 6 + 3 + 2 + 1 + 3 + 1 + 1 = 54번 사용해야 합니다. (정답)

## 심화문제 01 P. 54

[정답] 풀이 과정 참조

[풀이 과정]

① 12개의 동전을 각각 ⓐ, ⓑ, ⓒ, ⓓ, ⋯, ⓙ, ⓚ, ⓛ이라고 하고 다음과 같이 4개씩 3묶음으로 만듭니다.
(ⓐ, ⓑ, ⓒ, ⓓ), (ⓔ, ⓕ, ⓖ, ⓗ), (ⓘ, ⓙ, ⓚ, ⓛ)
이 중 (ⓐ, ⓑ, ⓒ, ⓓ)와 (ⓔ, ⓕ, ⓖ, ⓗ)를 양팔 저울에 올려봅니다. → 양팔 저울 1번 사용

② (ⓐ, ⓑ, ⓒ, ⓓ)와 (ⓔ, ⓕ, ⓖ, ⓗ)가 수평을 이루는 경우 (ⓘ, ⓙ, ⓚ, ⓛ)중 불량 동전이 있다는 것이 됩니다.
두 번째로 (ⓐ, ⓑ, ⓒ)와 (ⓘ, ⓙ, ⓚ)를 양팔 저울에 올려봅니다.

i. (ⓐ, ⓑ, ⓒ)와 (ⓘ, ⓙ, ⓚ)가 수평인 경우 ⓛ이 불량 동전인 것이 됩니다. 세 번째로 ⓛ와 나머지 동전 중 하나를 양팔 저울에 올려보면 ⓛ이 정상 동전보다 무거운지 가벼운지 판단할 수 있습니다.

ii. (ⓐ, ⓑ, ⓒ) > (ⓘ, ⓙ, ⓚ)인 경우 ⓘ, ⓙ, ⓚ 중 불량 동전이 있는 것이 되고 불량 동전은 정상 동전에 비해 가벼운 것이 됩니다. 세 번째로 ⓘ와 ⓙ를 양팔 저울에 올렸을 때, ⓘ = ⓙ라면 ⓚ 가 불량 동전이고 ⓘ > ⓙ라면 ⓙ가 불량 동전이며 ⓘ < ⓙ 라면 ⓘ가 불량 동전입니다.

iii. (ⓐ, ⓑ, ⓒ) < (ⓘ, ⓙ, ⓚ)인 경우 ⓘ, ⓙ, ⓚ 중 불량 동전이 있는 것이 되고 불량 동전은 정상 동전에 비해 무거운 것이 됩니다. ii. 과 같은 방식으로 불량 동전을 찾을 수 있습니다.

③ (ⓐ, ⓑ, ⓒ, ⓓ) > (ⓔ, ⓕ, ⓖ, ⓗ)인 경우 이 8개의 동전 중 불량 동전이 있다는 것이 됩니다.
두 번째로 ⓐ, ⓑ, ⓒ, ⓓ를 2개씩 두 묶음으로 나눈 후 ⓔ, ⓕ, ⓖ, ⓗ 중 하나씩과 묶어서 만든 (ⓐ, ⓑ, ⓔ)와 (ⓒ, ⓓ, ⓕ)을 양팔 저울에 올려봅니다.

i. (ⓐ, ⓑ, ⓔ)와 (ⓒ, ⓓ, ⓕ)가 수평을 이루는 경우 ⓖ와 ⓗ 중 불량 동전이 있고 불량 동전은 정상 동전보다 가벼운 것이 됩니다. 세 번째로 ⓖ와 ⓗ를 양팔 저울에 올렸을 때 올라가는 쪽에 있는 동전이 불량 동전이 됩니다.

ii. (ⓐ, ⓑ, ⓔ) > (ⓒ, ⓓ, ⓕ)인 경우 ⓐ, ⓑ, ⓕ 중 불량 동전이 있는 것이 됩니다. (ⓒ, ⓓ, ⓔ가 불량 동전이라면 모순이 생깁니다.) 세 번째로 ⓐ와 ⓑ를 양팔 저울에 올렸을 때 ⓐ = ⓑ라면 ⓕ가 불량 동전이고 불량 동전은 정상 동전에 비해 가벼운 것이고 ⓐ > ⓑ라면 ⓐ가 불량 동전이고 불량 동전은 정상 동전에 비해 무거운 것이 되며 ⓐ < ⓑ라면 ⓑ가 불량 동전이고 불량 동전은 정상 동전에 비해 무거운 것이 됩니다.

iii. (ⓐ, ⓑ, ⓔ) < (ⓒ, ⓓ, ⓕ)인 경우 ⓒ, ⓓ, ⓔ 중 불량 동전이 있는 것이 됩니다. (ⓐ, ⓑ, ⓕ가 불량 동전이라면 모순이 생깁니다.) 세 번째로 ⓒ와 ⓓ를 양팔 저울에 올렸을 때 ⓒ = ⓓ 라면 ⓔ가 불량 동전이고 불량 동전은 정상 동전에 비해 가벼운 것이고 ⓒ > ⓓ 라면 ⓒ가 불량 동전이고 불량 동전은 정상 동전에 비해 무거운 것이 되며 ⓒ < ⓓ 라면 ⓓ가 불량 동전이고 불량 동전은 정상 동전에 비해 무거운 것이 됩니다.

## 심화문제 02 P. 55

[정답] 최소 2회

[풀이 과정]

① 먼저 다음과 같이 2묶음을 만들어서 양팔 저울에 올려보도록 합니다. (★☆)(★✭) → 1회

② (★☆)과 (★✭)가 수평을 이루는 경우 아래와 같이 2가지 경우가 있습니다.

i. (★: 무거운 것, ☆: 가벼운 것)
(★: 가벼운 것, ✭: 무거운 것)

ii. (★: 가벼운 것, ☆: 무거운 것)
(★: 무거운 것, ✭: 가벼운 것)

따라서 첫 번째에서 올렸던 ☆와 ✭를 양팔 저울에 올려서 비교해보면 모든 6개의 별을 가벼운 것과 무거운 것으로 나눌 수 있습니다. → 1회

③ 양팔 저울이 한쪽으로 기우는 경우
(★☆) < (★✭)인 경우 아래의 3가지 상황 중 하나입니다.

i. (★: 가벼운 것, ☆: 가벼운 것)
(★: 무거운 것, ✭: 가벼운 것)

ii. (★: 가벼운 것, ☆: 가벼운 것)
(★: 무거운 것, ✭: 가벼운 것)

iii. (★: 가벼운 것, ☆: 무거운 것)
(★: 무거운 것, ✭: 무거운 것)

내려가는 쪽에 있는 빨간 별은 무거운 것이고 올라가는 쪽에 있는 빨간 별은 가벼운 것입니다.
두 번째로는 처음에 양팔 저울에 올렸던 노란색 별과 올리지 않았던 초록색 별을 양팔 저울에 올려보면 아래와 같은 2가지 경우가 있게 됩니다. → 1회

ⓐ 수평을 이룬다면 이 두 개는 가벼운 것이 됩니다. 따라서 모든 6개의 별을 가벼운 것과 무거운 것으로 나눌 수 있습니다.

ⓑ 한쪽으로 기운다면 하나는 무거운 것이고 다른 하나는 가벼운 것이므로 모든 6개의 별을 가벼운 것★☆ 과 무거운 것★✭ 으로 나눌 수 있습니다.

④ 따라서 양팔 저울을 최소 2회 사용하여 각 색깔의 질량이 작은 별과 큰 별을 나눌 수 있습니다.

## 심화문제 03 ······ P. 56

[정답] 2번

[풀이 과정]

① 아래와 같이 5개의 구슬 중 4개의 구슬을 2개씩 2묶음으로 만들어서 양팔 저울에 올려보도록 합니다. → 같은 색의 구슬을 양쪽에 하나씩 놓고 두 구슬의 무게가 다르다는 것을 이용합니다.

( , ) , ( , )

② ( , ) = ( , )인 경우는 아래와 같이 2가지인 경우가 있습니다.

ⅰ. ( : 5g , : 8g) , ( : 8g , : 5g)

ⅱ. ( : 8g , : 5g) , ( : 5g , : 8g)

따라서 두 번째로는 첫 번째로 올린 노란 구슬과 파란 구슬을 양팔 저울에 올려 비교하면 아래와 같이 모든 구슬의 무게를 알 수 있게 됩니다.

ⓐ 노란색 구슬이 내려가면 ⅰ. 의 경우입니다.

ⓑ 파란색 구슬이 내려가면 ⅱ. 의 경우입니다.

③ ( , ) < ( , )인 경우 아래와 같이 3가지 경우가 있습니다.

ⅰ. ( : 5g , : 5g) , ( : 8g , : 5g)

ⅱ. ( : 5g , : 5g) , ( : 8g , : 8g)

ⅲ. ( : 5g , : 8g) , ( : 8g , : 8g)

두 번째로는 첫 번째에 올린 노란 구슬과 첫 번째에 올리지 않은 파란 구슬을 양팔 저울에 올려서 비교합니다.

ⓐ 수평을 이룰 경우 첫번째에 올린 노란 구슬과 첫 번째에 올린 파란 구슬의 무게가 다르다는 것이 되고 이는 ③-ⅱ. 인 경우로 모든 구슬의 무게를 알 수 있습니다.

ⓑ 한쪽으로 기울어진다면 ③-ⅰ. 인 경우이거나 ③-ⅲ 인 경우로 모든 구슬의 무게를 알 수 있습니다.

④ ( , ) > ( , )인 경우 ③의 경우와 마찬가지의 방법으로 무게를 측정해보면 양팔 저울을 총 2번 사용해서 모든 구슬의 무게를 알 수 있게 됩니다.

⑤ 따라서 양팔 저울만을 이용해서 모든 구슬의 무게를 알기 위한 양팔 저울의 최소 횟수는 2번입니다. (정답)

## 심화문제 04 ······ P. 57

[정답] 15번

[풀이 과정]

① 서로 다른 질량을 가진 4개를 순서대로 나열하기 위해선 양팔 저울을 최소 5번 사용해야 하고 서로 다른 질량을 가진 5개를 순서대로 나열하기 위해선 양팔 저울을 최소 8번 이용해야 합니다.

② 서로 다른 질량을 가진 6개를 순서대로 나열하기 위해선 먼저 양팔 저울을 8번 이용해서 5개의 질량 순서를 정하고 나머지 1개의 순서를 찾도록 합니다.
질량 순서가 정해져 있는 A < B < C < D < E와 F의 질량 순서를 아래와 같이 비교하도록 합니다.

ⅰ. 가장 먼저 A 또는 E와 비교를 하면 최악의 경우 양팔 저울을 추가로 4번 더 사용해야 합니다.
→ 총 13번

ⅱ. 가장 먼저 B 또는 D와 비교를 하면 최악의 경우 양팔 저울을 추가로 3번 더 사용해야 합니다.
→ 총 12번

ⅲ. 가장 먼저 C와 비교를 하면 양팔 저울을 추가로 2번만 더 사용하면 모든 질량 순서를 알게 됩니다.
→ 총 11번

따라서 가장 먼저 C와 비교를 했을 때 양팔 저울을 최소로 사용하게 되고 이 경우 양팔 저울을 총 8 + 3 = 11번 사용하게 됩니다.

③ 서로 다른 질량을 가진 7개의 질량 순서도 ②와 같은 방법으로 양팔 저울을 먼저 11번 사용해서 6개의 질량 순서를 알아낸 후 이중 가운데 질량 순서인 것과 나머지를 먼저 비교하도록 합니다.
이 경우 추가로 양팔 저울을 최소 4번 사용해야 7개의 질량 순서를 알 수 있게 되고 따라서 양팔 저울을 총 11 + 4 = 15번 사용해야 합니다. (정답)

창의적문제해결수학 **01** ............................ P. 58

[정답] 풀이 과정 참조

[풀이 과정]

① 각 주머니에서 구슬의 개수를 다르게 꺼내서 생각해보도록 합니다.

② A 주머니에서는 1개의 구슬, B 주머니에서는 2개의 구슬, C 주머니에서는 3개의 구슬, D 주머니에서는 4개의 구슬, E 주머니에서는 5개의 구슬, F 주머니에서는 6개의 구슬을 꺼내서 총 21개의 구슬을 눈금이 있는 저울에 올려 무게를 측정해보도록 합니다.

③ 모든 주머니에 있는 구슬이 모두 10g이라면 21개의 구슬의 무게는 210g이 되어야 합니다. 하지만 그 중 몇 개는 9g 짜리 구슬만 들어있는 주머니에서 꺼낸 구슬입니다. 따라서 21개의 구슬의 무게는 210g이 될 수 없고 210g 과 실제 측정한 무게를 비교하면 아래와 같이 9g 짜리 구슬만 들어있는 주머니를 찾을 수 있습니다.

예 21개의 구슬의 무게를 측정한 무게가 207g이었다면 210g 과 3g 만큼 차이가 납니다. 따라서 21개의 구슬 중 9g 짜리 구슬이 3개 포함되어 있는 것입니다. 3개의 구슬을 꺼낸 주머니는 C 이므로 이 주머니가 9g 짜리 구슬만 들어있는 주머니가 됩니다.

창의적문제해결수학 **02** ............................ P. 59

[정답] 3번

[풀이 과정]

6개의 동전을 각각 ㉠, ㉡, ··· ,㉥이라고 하고 ㉠과 ㉡을 먼저 양팔 저울에 달아보면 아래와 같이 3가지 경우가 있습니다. → 양팔 저울 1번 사용

ⅰ. ㉠ > ㉡인 경우
ⅱ. ㉠ = ㉡인 경우
ⅲ. ㉠ < ㉡인 경우

ⅰ. ㉠ > ㉡인 경우에는 다음으로 ㉢과 ㉣을 양팔 저울에 올려보도록 합니다. → 양팔 저울 2번 사용

ⓐ ㉢ > ㉣인 경우는 ㉠, ㉢은 진짜 동전이고 ㉡, ㉣은 모조품인 것입니다. 따라서 다음으로 ㉤, ㉥을 저울에 올렸을 때 올라가는 쪽이 모조품이고 내려가는 쪽이 진짜 동전입니다. → 양팔 저울 3번 사용

ⓑ ㉢ = ㉣인 경우 진짜 동전은 ㉠, ㉢, ㉣이거나 ㉠, ㉤, ㉥입니다. 따라서 다음으로 ㉣, ㉤을 저울에 올렸을 때 ㉣이 올라가면 진짜 동전은 ㉠, ㉤, ㉥이고 ㉣이 내려가면 진짜 동전은 ㉠, ㉢, ㉣입니다. → 양팔 저울 3번 사용

ⓒ ㉢ < ㉣인 경우는 ⓐ와 마찬가지의 방법으로 진짜 동전과 모조품을 구별할 수 있습니다.

ⅱ. ㉠ = ㉡인 경우는 다음으로 ㉡, ㉢을 양팔 저울에 올려보도록 합니다. → 양팔 저울 2번 사용

ⓐ ㉡ > ㉢인 경우 ㉠, ㉡은 진짜 동전이고 ㉢은 가짜 동전인 것입니다. 다음으로 ㉣, ㉤을 양팔 저울에 올렸을 때 수평을 이룬다면 ㉠, ㉡, ㉥이 진짜 동전인 것이고 수평을 이루지 않는다면 ㉠, ㉡과 내려가는 쪽에 있는 동전이 진짜 동전입니다. → 양팔 저울 3번 사용

ⓑ ㉡ = ㉢인 경우 진짜 동전은 ㉠, ㉡, ㉢이거나 ㉣, ㉤, ㉥입니다. 다음으로 ㉢, ㉣을 양팔 저울에 올렸을 때, 내려가는 쪽에 있는 동전을 포함하는 3개의 동전이 진짜 동전입니다. → 양팔 저울 2번 사용

ⓒ ㉡ < ㉣인 경우는 ⓐ와 마찬가지의 방법으로 진짜 동전과 모조품을 구별할 수 있습니다.

ⅲ. ㉠ < ㉡인 경우는 ⅰ. ㉠ > ㉡인 경우와 마찬가지의 방법으로 따져보면 양팔 저울을 최소 3번 사용해야 6개의 동전을 진짜 동전과 모조품으론 나눌 수 있다는 것을 알 수 있습니다.

# 4. 뉴튼산

## 대표문제1 확인하기 1 ........................................ P. 65

[정답] 2

[풀이 과정]

① 소 한 마리가 하루 동안 먹는 풀의 양을 1이라 했으므로
5마리의 소가 20일 간 먹는 풀의 양은 5 × 20 = 100이고,
7마리의 소가 12일 간 먹는 풀의 양은 7 × 12 = 84입니다.

② (5마리의 소가 20일 간 먹는 풀의 양) = (원래 있었던 풀의 양) + (20일 동안 자라난 풀의 양) … ⓐ
(7마리의 소가 12일 간 먹는 풀의 양은) = (원래 있었던 풀의 양) + (12일 동안 자라난 풀의 양) … ⓑ
ⓐ에서 ⓑ를 빼면 8일 동안 자라난 풀의 양을 알 수 있습니다.
8일 동안 자라난 풀의 양이 100 - 84 = 16이므로 하루 동안 자라나는 풀의 양은 16 ÷ 8 = 2입니다.

## 대표문제1 확인하기 2 ........................................ P. 65

[정답] 72

[풀이 과정]

① 소 한 마리가 하루 동안 먹는 풀의 양을 1이라 했으므로
9마리의 소가 12일 간 먹는 풀의 양은 9 × 12 = 108입니다.
7마리의 소가 18일 간 먹는 풀의 양은 7 × 18 = 126입니다.

② 원래 있었던 풀의 양을 구하기 위해선 하루 동안에 자라나는 풀의 양을 구해야 합니다.
(9마리의 소가 12일 간 먹는 풀의 양) = (원래 있었던 풀의 양) + (12일 동안 자라난 풀의 양) … ⓐ
(7마리의 소가 18일 간 먹는 풀의 양) = (원래 있었던 풀의 양) + (18일 동안 자라난 풀의 양) … ⓑ
ⓑ에서 ⓐ를 빼면 6일 동안 자라난 풀의 양을 알 수 있습니다.
6일 동안 자라난 풀의 양이 126 - 108 = 18이므로 하루 동안 자라나는 풀의 양은 18 ÷ 6 = 3입니다.

③ ⓐ식을 이용해 원래 있었던 풀의 양을 구합니다. (ⓑ식을 이용해도 됩니다.)
하루 동안 자라나는 풀의 양이 3이므로 12일 동안 새로 자라난 풀의 양은 3 × 12 = 36입니다.
→ (9마리의 소가 12일 간 먹는 풀의 양) = (원래 있었던 풀의 양) + (12일 동안 자라난 풀의 양)
→ 108 = (원래 있었던 풀의 양) + 36
따라서 원래 있었던 풀의 양은 108 - 36 = 72입니다.

## 대표문제2 확인하기 1 ........................................ P. 67

[정답] 2

[풀이 과정]

① '시간'을 '분'으로 고쳐 풀이합니다.

② 1분 동안 한 명이 퍼내는 물의 양을 1이라 했으므로
8명이 50분 동안 퍼내는 물의 양은 8 × 50 = 400입니다.
5명이 1시간 40분(100분) 동안 퍼내는 물의 양은 5 × 100 = 500입니다.

③ (8명이 50분 동안 퍼내는 물의 양) = (원래 있었던 물의 양) + (50분 동안 흘러들어 오는 물의 양) … ⓐ
(5명이 100분동안 퍼내는 물의 양) = (원래 있었던 물의 양) + (100분 동안 흘러들어 오는 물의 양) … ⓑ
ⓑ에서 ⓐ를 빼면 50분 동안 흘러들어 오는 물의 양을 알 수 있습니다.
50분 동안 흘러들어 오는 물의 양이 500 - 400 = 100이므로 1분 동안에 배 안으로 흘러들어 오는 물의 양은 100 ÷ 50 = 2입니다.

## 대표문제2 확인하기 2 ........................................ P. 67

[정답] 0.5

[풀이 과정]

① '시간'을 '분'으로 고쳐 풀이합니다.

② 1분 동안 한 개의 호스에서 나오는 물의 양을 1이라 했으므로 한 개의 호스를 이용해 2시간 30분(150분) 동안 채우는 물의 양은 150입니다.
세 개의 호스를 이용해 30분 동안 채우는 물의 양은 3 × 30 = 90입니다.

③ (한 개의 호스를 이용해 150분 동안 채우는 물의 양) = (항아리의 절반) + (150분 동안 빠져나가는 물의 양) … ⓐ
(세 개의 호스를 이용해 30분 동안 채우는 물의 양) = (항아리의 절반) + (30분 동안 빠져나가는 물의 양) … ⓑ
ⓐ에서 ⓑ를 빼면 120분 동안 빠져나가는 물의 양을 알 수 있습니다.
120분 동안 빠져나가는 물의 양이 150 - 90 = 60이므로
1분 동안 빠져나가는 물의 양은
60 ÷ 120 = 0.5입니다.

## 연습문제 01 ······ P. 68

[정답] 하룻동안 자라나는 풀의 양 : 5
원래 있었던 풀의 양 : 240

[풀이 과정]

① 소 한 마리가 하루 동안 먹는 풀의 양을 1이라 했으므로 15마리의 소가 24일 간 먹는 풀의 양은 15 × 24 = 360입니다. 20마리의 소가 16일 간 먹는 풀의 양은 20 × 16 = 320입니다.

② (15마리의 소가 24일 간 먹는 풀의 양) = (원래 있었던 풀의 양) + (24일 동안 자라난 풀의 양) ··· ⓐ
(20마리의 소가 16일 간 먹는 풀의 양) = (원래 있었던 풀의 양) + (16일 동안 자라난 풀의 양) ··· ⓑ
ⓐ에서 ⓑ를 빼면 8일 동안 자라난 풀의 양을 알 수 있습니다. 8일 동안 자라난 풀의 양이 360 - 320 = 40이므로 하루 동안 자라나는 풀의 양은 40 ÷ 8 = 5입니다. (정답)

③ ⓐ식을 이용해 원래 있었던 풀의 양을 구합니다. (ⓑ식을 이용해도 됩니다.)
하루 동안 자라나는 풀의 양이 5이므로 24일 동안 새로 자라난 풀의 양은 5 × 24 = 120입니다.
→ (15마리의 소가 24일 간 먹는 풀의 양) = (원래 있었던 풀의 양) + (24일 동안 자라난 풀의 양)
→ 360 = (원래 있었던 풀의 양) + 120

따라서 원래 있었던 풀의 양은 360 - 120 = 240입니다. (정답)

## 연습문제 02 ······ P. 68

[정답] 매일 새로 저장되는 소금의 양 : 1.5
원래 있었던 소금의 양 : 63

[풀이 과정]

① 한 명의 인부가 하루에 빼내는 소금의 양을 1이라 했으므로 5명의 인부가 18일 동안 빼내는 소금의 양은 5 × 18 = 90입니다. 6명의 인부가 14일 동안 빼내는 소금의 양은 6 × 14 = 84입니다.

② (5명이 18일 동안 빼내는 소금의 양) = (원래 있었던 소금의 양) + (18일 동안 새로 저장된 소금의 양) ··· ⓐ
(6명이 14일 동안 빼내는 소금의 양) = (원래 있었던 소금의 양) + (14일 동안 새로 저장된 소금의 양) ··· ⓑ
ⓐ에서 ⓑ를 빼면 4일 동안 새로 저장된 소금의 양을 알 수 있습니다. 4일 동안 새로 저장된 소금의 양이 90 - 84 = 6이므로 하루에 새로 저장되는 소금의 양은 6 ÷ 4 = 1.5입니다. (정답)

③ ⓐ식을 이용해 원래 있었던 소금의 양을 구합니다. (ⓑ식을 이용해도 됩니다.) 하루에 새로 저장되는 소금의 양이 1.5 이므로 18일 동안 새로 저장된 소금의 양은 1.5 × 18 = 27입니다.
→ (5명이 18일 동안 빼내는 소금의 양) = (원래 있었던 소금의 양) + (18일 동안 새로 저장된 소금의 양)
→ 90 = (원래 있었던 소금의 양) + 27
따라서 원래 있었던 소금의 양은 90 - 27 = 63입니다. (정답)

## 연습문제 03 ······ P. 68

[정답] 45개

[풀이 과정]

① 한 명의 목수는 하루에 한 개의 나무 의자를 만들어 낸다고 했으므로 8명의 목수가 9일 동안 만들어 내는 의자의 개수는 8 × 9 = 72개입니다.

② 8명의 목수가 9일 동안 만들어 내는 의자의 개수는 밀린 주문량과 9일 동안 새로 들어온 주문량을 합한 값입니다.

③ 하루에 3개씩만 주문을 받는다고 했으므로 9일 동안 새로 들어 온 주문량은 3 × 9 = 27개입니다.
따라서 밀린 주문량은 72 - 27 = 45개입니다. (정답)

## 연습문제 04 ······ P. 69

[정답] 450

[풀이 과정]

① '시간' 을 '분' 으로 고쳐 풀이합니다.

② 한 개의 배수구에서 1분 동안에 빠져 나가는 물의 양을 1이라 했으므로 세 개의 배수구에서 3시간(180분) 동안 빠져나가는 물의 양은 3 × 180 = 540입니다.
다섯 개의 배수구에서 1시간 40분(100분) 동안 빠져나가는 물의 양은 5 × 100 = 500입니다.

③ (세 개의 배수구에서 180분 동안 빠져나가는 물의 양) = (이미 들어있던 물의 양) + (180분 동안 호스에서 흘러 들어온 물의 양) ··· ⓐ
(다섯 개의 배수구에서 100분 동안 빠져나가는 물의 양) = (이미 들어있던 물의 양) + (100분 동안 호스에서 흘러 들어온 물의 양) ··· ⓑ
ⓐ에서 ⓑ를 빼면 80분 동안 호스에서 흘러들어온 물의 양을 알 수 있습니다. 80분 동안 흘러 들어온 물의 양이 540 - 500 = 40이므로 1분 동안 흘러 들어오는 물의 양은 40 ÷ 80 = 0.5입니다.

④ ⓐ식을 이용해 이미 들어있던 물의 양을 구합니다. (ⓑ식을 이용해도 됩니다.)
1분 동안 흘러 들어오는 물의 양이 0.5이므로 180분 동안 0.5 × 180 = 90의 물이 흘러 들어옵니다.
→ (180분 동안 빠져나가는 물의 양) = (이미 들어있던 물의 양) + (180분 동안 흘러 들어온 물의 양)
→ 540 = (이미 들어있던 물의 양) + 90
따라서 물탱크에 이미 들어있던 물의 양은 540 - 90 = 450입니다. (정답)

## 연습문제 05 P. 69

[정답] 36일

[풀이 과정]

① 소 한 마리가 하루 동안 먹는 풀의 양을 1이라 하고 풀이합니다.
14마리의 소가 18일 동안 먹는 풀의 양은 14 × 18 = 252입니다.
12마리의 소가 24일 동안 먹는 풀의 양은 12 × 24 = 288입니다.

② (14마리의 소가 18일 동안 먹는 풀의 양)
= (원래 있었던 풀의 양) + (18일 동안 자라난 풀의 양) … ⓐ
(12마리의 소가 24일 동안 먹는 풀의 양)
= (원래 있었던 풀의 양) + (24일 동안 자라난 풀의 양) … ⓑ
ⓑ에서 ⓐ를 빼면 6일 동안 자라난 풀의 양을 알 수 있습니다.
6일 동안 자라난 풀의 양이 288 - 252 = 36이므로 하루 동안 자라나는 풀의 양은 36 ÷ 6 = 6입니다.

③ ⓐ식을 이용해 원래 있었던 풀의 양을 구합니다.
(ⓑ식을 이용해도 됩니다.)
하루 동안 자라는 풀의 양이 6이므로 18일 동안 자라나는 풀의 양은 6 × 18 = 108입니다.
→ (14마리의 소가 18일 동안 먹는 풀의 양)
= (원래 있었던 풀의 양) + (18일 동안 자라나는 풀의 양)
→ 252 = (원래 있었던 풀의 양) + 108
따라서 원래 있었던 풀의 양은 252 - 108 = 144입니다.

④ 10마리의 소가 A일 간 먹는 풀의 양은 10 × A이며
(원래 있었던 풀의 양) + (A일 동안 자라난 풀의 양)과 같습니다.
→ 10 × A = 144 + (6 × A)
→ 4 × A = 144
→ A = 36

## 연습문제 06 P. 69

[정답] 9분

[풀이 과정]

① 1개의 입구로 1분에 25명이 입장한다고 했으므로
2개의 입구로 24분 동안 입장하는 사람들의 수는
2 × 25 × 24 = 1200명 입니다.

② 2개의 입구로 24분 동안 입장하는 사람들의 수는 오픈 전 줄을 선 사람들의 수와 24분 동안 합류한 사람들의 수를 합한 값입니다.

③ 1분에 20명씩 줄에 합류한다고 했으므로 24분 동안 합류한 사람들의 수는 24 × 20 = 480명 입니다.
따라서 오픈 전 줄을 선 사람들의 수는 1200 - 480 = 720명 입니다.

③ 4개의 입구로 A분 동안 입장하는 사람들의 수는
4 × 25 × A이며
(오픈 전 줄을 선 사람들의 수) + (A분 동안 합류한 사람들의 수) 와 같습니다.
→ 100 × A = 720 + (20 × A)
→ 80 × A = 720
→ A = 9

④ 따라서 4개의 입구를 이용하면 모든 사람들이 입장하는 데 9분이 걸립니다. (정답)

## 연습문제 07 P. 70

[정답] 24일

[풀이 과정]

① 소 한 마리가 하루 동안 먹는 풀의 양을 1이라 하고 풀이합니다.
8마리의 소가 12일 간 먹는 풀의 양은 8 × 12 = 96입니다.
10마리의 소가 6일 간 먹는 풀의 양은 10 × 6 = 60입니다.

② (8마리의 소가 12일 간 먹는 풀의 양) = (원래 있었던 풀의 양) + (12일 간 자라난 풀의 양) … ⓐ
(10마리의 소가 6일 간 먹는 풀의 양) = (원래 있었던 풀의 양) + (6일 간 자라난 풀의 양) … ⓑ
ⓐ에서 ⓑ를 빼면 6일 동안 자라난 풀의 양을 알 수 있습니다.
6일 동안 자라난 풀의 양이 96 - 60 = 36이므로 하루 동안 자라나는 풀의 양은 36 ÷ 6 = 6입니다.

③ ⓐ식을 이용해 원래 있었던 풀의 양을 구합니다. (ⓑ식을 이용해도 됩니다.)
하루 동안 자라는 풀의 양이 6이므로 12일 동안 자라나는 풀의 양은 6 × 12 = 72입니다.
→ (8마리의 소가 12일 동안 먹는 풀의 양) = (원래 있었던 풀의 양) + (12일 동안 자라나는 풀의 양)
→ 96 = (원래 있었던 풀의 양) + 72
따라서 원래 있었던 풀의 양은 96 - 72 = 24입니다.

④ 넓이 100ha 목장은 50ha 목장에 비해 원래 있었던 풀의 양과 매일 자라나는 풀의 양이 두 배입니다. 따라서 원래 있었던 풀의 양은 24 × 2 = 48, 매일 자라나는 풀의 양은 6 × 2 = 12입니다.

⑤ 14마리의 소가 A일 간 먹는 풀의 양은 14 × A이며
(원래 있었던 풀의 양) + (A일 동안 자라난 풀의 양)과 같습니다.
→ 14 × A = 48 + (12 × A)
→ 2 × A = 48
→ A = 24

⑥ 따라서 100ha 넓이의 목장에서 14마리의 소는 24일간 풀을 먹을 수 있습니다. (정답)

## 연습문제 08 ········ P. 70

[정답] 한달 용돈: 2만원
설날에 받은 세뱃돈: 12만원

[풀이 과정]

① 무우가 한 달에 4만원씩 6개월 동안 사용한 돈은 총 4 × 6 = 24만원 입니다.

② 무우는 세뱃돈과 매달 받은 용돈을 합쳐 1년 동안 한 달에 3만원씩 참고서를 구매하려 했습니다.
→ (세뱃돈) + (1년 동안 받은 용돈) = 3 × 12 = 36 ··· ⓐ
무우는 한 달에 4만원씩 6개월 동안 24만원을 사용했습니다.
→ (세뱃돈) + (6개월 동안 받은 용돈) = 24 ··· ⓑ
ⓐ에서 ⓑ를 빼면 6개월 동안 받은 용돈이 얼마인지 알 수 있습니다. 6개월 동안 받은 용돈이 36 - 24 = 12이므로 한 달에 받는 용돈은 12 ÷ 6 = 2만원 입니다.

③ 한 달에 받는 용돈이 2만원이므로 1년 동안 받는 용돈은 2 × 12 = 24만원 입니다.
→ (세뱃돈) + (1년 동안 받은 용돈) = 36
→ (세뱃돈) + 24 = 36
→ (세뱃돈) = 12만원
따라서 무우가 설날에 받은 세뱃돈은 12만원 입니다.

## 연습문제 09 ········ P. 70

[정답] 8일

[풀이 과정]

① 각 치즈 창고에 저장된 치즈의 양을 □, 기계 1대가 하루 동안 옮기는 치즈의 양을 a, 생쥐 한 마리가 하루 동안 옮기는 치즈의 양을 1이라 합니다.

② A창고에서 마을로 치즈를 옮기는 데는 기계 1대와 생쥐 8마리가 일해 10일이 걸립니다.
→ (기계 1대가 10일 동안 하는 일의 양) + (생쥐 8마리가 10일 동안 하는 일의 양)
→ (10 × a) + (10 × 8) = (10×a) + 80 ··· ⓐ
B창고에서 마을로 치즈를 옮기는 데는 기계 1대와 생쥐 12마리가 일해 8일이 걸립니다.
→ (기계 1대가 8일 동안 하는 일의 양) + (생쥐 12마리가 8일 동안 하는 일의 양)
→ (8 × a) + (8 × 12) = (8×a) + 96 ··· ⓑ
세 개의 치즈 창고에는 같은 양의 치즈가 저장되어 있다고 했으므로 ⓐ와 ⓑ는 같습니다.
→ (10×a) + 80 = (8×a) + 96
→ 2×a = 16
→ a = 8
따라서 기계 1대가 하루 동안 옮기는 치즈의 양은 8입니다.

③ 세 개의 치즈 창고에는 같은 양의 치즈가 저장되어 있으므로 A창고에 저장 된 치즈의 양을 구하면
C창고에 저장 된 치즈의 양을 구할 수 있습니다.
A창고에 저장 된 치즈의 양은 기계 1대와 생쥐 8마리가 10일 동안 한 일의 양을 합하여 구합니다.
→ (10 × 8) + (10 × 8) = 160
따라서 C창고에 각각 저장된 치즈의 양은 160입니다.

④ 2대의 기계와 4마리의 생쥐가 하루 동안 하는 일의 양은 (2×8) + 4 = 20입니다.
160만큼의 치즈를 하루에 20씩 옮긴다면 다 옮기는 데는 160 ÷ 20 = 8일이 걸립니다.

⑤ 따라서 2대의 기계와 4마리의 생쥐가 일해 C창고의 치즈를 모두 옮기는 데는 8일이 걸립니다. (정답)

## 연습문제 10 ········ P. 70

[정답] 200L

[풀이 과정]

① 하루 동안 마을 사람들이 사용하는 물의 양을 a라고 합니다.

② 마을 사람들이 24일간 사용하는 물의 양은 24 × a 입니다.
마을 사람들이 8일간 사용하는 물의 양은 8 × a 입니다.

③ (마을 사람들이 24일 간 사용하는 물의 양)
= 1200L + (24일간 흘러 들어온 물의 양) ··· ⓐ
(마을 사람들이 8일간 사용하는 물의 양)
= 1200L + (8일간 절반씩만 흘러 들어온 물의 양) ··· ⓑ
그런데, 8일 간 절반씩만 흘러 들어온 물의 양은 4일 간 원래대로 흘러 들어온 물의 양과 같으므로
(8일 간 절반씩만 흘러 들어온 물의 양)을
(4일 간 흘러 들어온 물의 양) 으로 바꿀 수 있습니다.
ⓑ를 위와 같이 바꾼 후 ⓐ에서 ⓑ를 빼면 20일 간 흘러 들어온 물의 양을 알 수 있습니다.
20일 간 흘러 들어온 물의 양이 24×a - 8×a = 16×a 이므로 하루 동안 흘러 들어오는 물의 양은
(16×a) ÷ 20 = 0.8×a 입니다.

④ 하루 동안 흘러 들어오는 물의 양이 0.8×a이므로 24일간 흘러 들어온 물의 양은 19.2×a 입니다.
→ (24일 간 사용하는 물의 양) = 1200 + (24일 간 흘러 들어온 물의 양)
→ 24×a = 1200 + (19.2×a)
→ 4.8×a = 1200
→ a = 250
따라서 하루 동안 마을 사람들이 사용하는 물의 양이 250L입니다.

⑤ 하루 동안 마을 사람들이 사용하는 물의 양이 250L 이므로 하루 동안 흘러 들어오는 지하수의 양은
0.8 × 250 = 200L입니다. (정답)

심화문제 **01** P. 72

[정답] 18일

[풀이 과정]

① 소 한 마리가 하루 동안 먹는 풀의 양을 1이라 하고 풀이합니다. 15마리의 소가 16일 간 먹는 풀의 양은 15 × 16 = 240입니다. 소 한 마리가 먹는 풀의 양은 양 한 마리가 먹는 풀의 양의 2배라고 했으므로 20마리의 양이 먹는 풀의 양은 10마리의 소가 먹는 풀의 양과 같습니다.
따라서 20마리의 양이 36일 간 먹는 풀의 양은 10 × 36 = 360입니다.

② (15마리의 소가 16일 간 먹는 풀의 양) = (원래 있었던 풀의 양) + (16일 동안 자라난 풀의 양) … ⓐ
(20마리의 양이 36일 동안 먹는 풀의 양) = (원래 있었던 풀의 양) + (36일 동안 자라난 풀의 양) … ⓑ
ⓑ에서 ⓐ를 빼면 20일 동안 자라난 풀의 양을 알 수 있습니다. 20일 동안 자라난 풀의 양이 360 - 240 = 120이므로 하루 동안 자라나는 풀의 양은
120 ÷ 20 = 6입니다.

③ ⓐ식을 이용해 원래 있었던 풀의 양을 구합니다. (ⓑ식을 이용해도 됩니다.)
하루 동안 자라나는 풀의 양이 6이므로 16일 동안 자라나는 풀의 양은 6 × 16 = 96입니다.
→ (15마리의 소가 16일 동안 먹는 풀의 양) = (원래 있었던 풀의 양) + (16일 동안 자라나는 풀의 양)
→ 240 = (원래 있었던 풀의 양) + 96
따라서 원래 있었던 풀의 양은 240 - 96 = 144입니다.

④ 10마리의 소와 8마리의 양이 먹는 풀의 양은 14마리의 소가 먹는 풀의 양으로 생각해 풀이합니다.
14마리의 소가 A일 간 먹는 풀의 양은 14 × A이며
(원래 있었던 풀의 양) + (A일 동안 자라난 풀의 양)과 같습니다.
→ 14 × A = 144 + (6 × A)
→ 8 × A = 144
→ A = 18

⑤ 따라서 목장에 10마리의 소와 8마리의 양이 있다면 18일 간 풀을 먹을 수 있습니다. (정답)

심화문제 **02** P. 73

[정답] 5개

[풀이 과정]

① 한 개의 수문에서 1시간 동안 방류하는 물의 양을 1이라 했으므로 한 개의 수문으로 18시간 동안 방류하는 물의 양은 18입니다.
두 개의 수문으로 6시간 동안 방류하는 물의 양은 2 × 6 = 12입니다.

② (한 개의 수문으로 18시간 동안 방류하는 물의 양) = (안전선 너머로 원래 있던 물) + (18시간 동안 댐으로 흘러 들어온 물) … ⓐ
(두 개의 수문으로 6시간 동안 방류하는 물의 양) = (안전선 너머로 원래 있던 물) + (6시간 동안 댐으로 흘러 들어온 물) … ⓑ
ⓐ에서 ⓑ를 빼면 12시간 동안 댐으로 흘러 들어온 물의 양을 알 수 있습니다.
12시간 동안 댐으로 흘러 들어온 물의 양이 18 - 12 = 6이므로 1시간 동안 흘러 들어오는 물의 양은
6 ÷ 12 = 0.5입니다.

③ ⓐ식을 이용해 안전선 너머로 원래 있던 물의 양을 구합니다.
1시간 동안 흘러 들어오는 물의 양이 0.5이므로 18시간 동안 0.5 × 18 = 9의 물이 흘러 들어옵니다.
→ (18시간 동안 방류하는 물) = (안전선 너머로 원래 있던 물) + (18시간 동안 흘러 들어온 물)
→ 18 = (안전선 너머로 원래 있던 물) + 9
따라서 안전선 너머로 원래 있던 물의 양은 18 - 9 = 9입니다.

④ A개의 수문을 열어 2시간 안에 안전선까지 수위를 낮춰야 합니다.
A개의 수문으로 2시간 동안 방류하는 물의 양은 A × 2 이며 (안전선 너머로 원래 있던 물) + (2시간 동안 상류로 흘러 들어온 물)과 같습니다.
→ A × 2 = 9 + (2 × 0.5)
→ A × 2 = 9 + 1
→ A × 2 = 10
→ A = 5

⑤ 따라서 2시간 안에 안전선까지 수위를 낮추기 위해선 5개의 수문을 개방해야 합니다.

**심화문제 03** ........ P. 74

[정답] 28일

[풀이 과정]

① 소 한 마리가 하루 동안 먹는 풀의 양을 1이라 하고 풀이합니다.
A 목장에서 8마리의 소가 4주(28일) 동안 먹는 풀의 양은 8 × 28 = 224입니다.
B 목장에서 5마리의 소가 2주(14일) 동안 먹는 풀의 양은 5 × 14 = 70입니다.

② (A 목장에서 8마리 소가 28일 동안 먹는 풀의 양) = (10ha에 원래 있던 풀의 양) + (10ha에 28일 동안 자라나는 풀의 양) … ⓐ
(B 목장에서 5마리 소가 14일 동안 먹는 풀의 양) = ($3\frac{1}{3}$ ha에 원래 있던 풀의 양) + ($3\frac{1}{3}$ ha에 14일 동안 자라나는 풀의 양) … ⓑ
그런데, $3\frac{1}{3} = \frac{10}{3}$ 이고, $\frac{10}{3} \times 3 = 10$이므로 ⓑ식을 3배하면

(B 목장에서 5마리 소가 14일 동안 먹는 풀의 양) × 3 = (10ha에 원래 있던 풀의 양) + (10ha에 14일 동안 자라나는 풀의 양)가 되므로 ⓑ식을 다음과 같이 고친 후 사용합니다.

③ 224 = (10ha에 원래 있던 풀의 양) + (10ha에서 28일 동안 자라나는 풀의 양) … ⓐ
70 × 3 = (10ha에 원래 있던 풀의 양) + (10ha에 14일 동안 자라나는 풀의 양) … ⓑ
ⓐ에서 ⓑ를 빼면 10ha에 14일 동안 자라난 풀의 양을 알 수 있습니다.
10ha에서 14일 동안 자라난 풀의 양이 224 − 210 = 14이므로 10ha에서 하루 동안 자라나는 풀의 양은
14 ÷ 14 = 1입니다.

④ ⓐ식을 이용해 원래 있었던 풀의 양을 구합니다. (ⓑ식을 이용해도 됩니다.)
10ha에서 하루 동안 자라나는 풀의 양이 1이므로 28일 동안 자라나는 풀의 양은 28입니다.
→ 224 = (10ha에 원래 있던 풀의 양) + (10ha에 28일 동안 자라나는 풀의 양)
→ 224 = (10ha에 원래 있던 풀의 양) + 28
따라서 10ha에 원래 있었던 풀의 양은 224 − 28 = 196입니다.

⑤ C 목장의 넓이가 15ha이므로 10ha인 A 목장 보다 15 ÷ 10 = 1.5배 넓습니다.
따라서 하루 동안 자라나는 풀의 양과 원래 있던 풀의 양도 1.5배임을 알 수 있습니다.
C 목장에서 하루 동안 자라나는 풀의 양은 1.5, 원래 있던 풀의 양은 196 × 1.5 = 294입니다.

⑥ C 목장에는 12마리의 소가 있다고 했으므로 12마리의 소가 □일간 먹는 풀의 양은 12 × □이며
(15ha에 원래 있던 풀의 양) + (□일 동안 자라난 풀의 양)과 같습니다.
→ 12 × □ = 294 + (1.5 × □)
→ 10.5 × □ = 294
→ □ = 28

⑦ 따라서 C 목장에 12마리의 소가 있다면 28일간 풀을 먹을 수 있습니다.

**심화문제 04** ........ P. 75

[정답] 20

[풀이 과정]

① 소 한 마리가 하루 동안 먹는 풀의 양을 1이라 하고 풀이합니다.
26마리의 소가 18일간 먹는 풀의 양은 26 × 18 = 468입니다.
30마리의 소가 10일간 먹는 풀의 양은 30 × 10 = 300입니다.

② (26마리의 소가 18일간 먹는 풀의 양) = (원래 있었던 풀의 양) + (18일 동안 자라난 풀의 양) … ⓐ
(30마리의 소가 10일간 먹는 풀의 양) = (원래 있었던 풀의 양) + (10일 동안 자라난 풀의 양) … ⓑ
ⓐ에서 ⓑ를 빼면 8일 동안 자라난 풀의 양을 알 수 있습니다.
8일 동안 자라난 풀의 양이 468 − 300 = 168이므로 하루 동안 자라나는 풀의 양은
168 ÷ 8 = 21입니다.

③ ⓐ식을 이용해 원래 있었던 풀의 양을 구합니다. (ⓑ식을 이용해도 됩니다.)
하루 동안 자라나는 풀의 양이 21이므로 18일 동안 자라나는 풀의 양은 21 × 18 = 378입니다.
→ (26마리의 소가 18일간 먹는 풀의 양) = (원래 있었던 풀의 양) + (18일 동안 자라나는 풀의 양)
→ 468 = (원래 있었던 풀의 양) + 378
따라서 원래 있었던 풀의 양은 468 − 378 = 90입니다.

④ 원래 있었던 풀의 양은 90이므로 90의 $\frac{1}{3}$ 인 30이 건초로 만들어지고, 60만큼의 풀이 남습니다.
따라서 문제의 답은 60만큼의 풀이 있고, 매일 21만큼의 풀이 자란다고 할 때, 8마리의 소가 며칠간 풀을 먹을 수 있을지에 대해 구하면 됩니다.

⑤ 24마리의 소가 A일간 먹는 풀의 양은 24 × A이며 (건초를 베고 남은 풀의 양) + (A일 동안 자라난 풀의 양)과 같습니다.
→ 24 × A = 60 + (21 × A)
→ 3 × A = 60
→ A = 20

⑥ 따라서 건초를 만들고 남은 풀은 24마리의 소가 20일간 먹을 수 있습니다.

창의적문제해결수학 **01** P. 76

[정답] 2배

[풀이 과정]

① A공장이 매일 구입하는 밀가루의 양은 B공장의 2배라고 했으므로 B공장이 매일 구입하는 밀가루의 양을 □라 하면 A공장이 매일 구입하는 밀가루의 양은 2 × □입니다.
또한 A공장의 하루 빵 생산량(밀가루 소비량)을 a, B공장의 하루 빵 생산량(밀가루 소비량)을 b라 합니다.

② (A공장이 18일 간 사용하는 밀가루) = (A공장에 원래 있던 밀가루) + (A공장이 18일 간 구입한 밀가루)
→ 18 × a = (A공장에 원래 있던 밀가루) + (18 × 2 × □) … ⓐ
(B공장이 12일 간 사용하는 밀가루) = (B공장에 원래 있던 밀가루) + (B공장이 12일 간 구입한 밀가루)
→ 12 × b = (B공장에 원래 있던 밀가루) + (12 × □) … ⓑ
그런데 A공장에 원래 있었던 밀가루의 양은 B공장의 3배라고 했으므로
(A공장에 원래 있던 밀가루)는 (B공장에 원래 있던 밀가루) × 3과 같습니다.
따라서 ⓐ식은 18 × a = (B공장에 원래 있던 밀가루) × 3 + (36 × □)이며 ⓑ식은 12 × b = (B공장에 원래 있던 밀가루) + (12 × □)입니다.

③ ⓐ식과의 비교를 위해 ⓑ식의 양변을 3배 해주면 ⓐ식과 우변이 같아지게 됩니다.
ⓐ식 → 18 × a = (B공장에 원래 있던 밀가루) × 3 + (36 × □)
ⓑ식 → 36 × b = (B공장에 원래 있던 밀가루) × 3 + (36 × □)
두 식의 우변이 같으므로 두 식의 좌변 또한 같아야 합니다.
→ 18 × a = 36 × b
→ a = 2 × b

④ 따라서 A공장의 하루 빵 생산량은 B공장의 2배 입니다.

창의적문제해결수학 **02** P. 77

[정답] 8개

[풀이 과정]

① '시간' 을 '분' 으로 고쳐 풀이합니다.

② 1개의 매표소에서 1분 동안 표를 사는 사람의 인원수를 A라고 하면
3개의 매표소에서 1시간(60분) 동안 표를 사는 사람은 3 × A × 60 = 180 × A명 입니다.
5개의 매표소에서 20분 동안 표를 사람은 5 × A × 20 = 100 × A명 입니다.

③ (3개의 매표소에서 60분 동안 표를 산 사람) = (원래 있던 사람) + (60분 동안 합류한 사람) … ⓐ
(5개의 매표소에서 20분 동안 표를 산 사람) = (원래 있던 사람) + (20분 동안 합류한 사람) … ⓑ
ⓐ에서 ⓑ를 빼면 40분 동안 합류한 사람들이 몇 명인지 알 수 있습니다.
40분 동안 합류한 사람들이 (180 × A) - (100 × A) = (80 × A)명 이므로 1분 동안 합류한 사람들은
(80 × A) ÷ 40 = (2 × A)명 입니다.

④ ⓐ식을 이용해 원래 있던 사람들이 몇 명인지 구합니다.
(ⓑ식을 이용해도 됩니다.)
1분 동안 합유하는 사람들이 (2 × A)명이므로 60분 동안 합류한 사람들은 (120 × A)명 입니다.
→ (3개의 매표소에서 60분 동안 표를 산 사람) = (원래 있던 사람) + (60분 동안 합류한 사람)
→ 180 × A = (원래 있던 사람) + (120 × A)
따라서 원래 줄을 서고 있던 사람들은 (180 × A) - (120 × A) = (60 × A)명 입니다.

⑤ 10분만에 줄이 없어지려면 원래 줄을 서고 있던 사람들과 10분 동안 합류한 사람들이 모두 10분 동안 표를 살 수 있어야 합니다.
→ (10분 동안 표를 산 사람) = (원래 있던 사람) + (10분 동안 합류한 사람)
→ (10분 동안 표를 산 사람) = (60 × A) + (20 × A)
즉, 10분 동안 80 × A명의 사람들이 표를 살 수 있어야 합니다.
1개의 매표소에서 1분 동안 표를 사는 사람이 A명이므로 1개의 매표소에서 10분 동안 표를 사는 사람은 (10 × A)명 입니다.

⑥ 따라서 10분 동안 (80 × A)명의 사람들이 표를 사기 위해선 최소 (80 × A) ÷ (10 × A) = 8개의 매표소가 오픈 되어야 합니다.

# 5. 작업 능률

대표문제1 확인하기 1 ............ P. 83

[정답] 8일

[풀이 과정]

① 전체 일의 양을 1이라 하고 풀이합니다.

② 이 일을 하는 데 형은 12일이, 동생은 24일이 걸립니다.
→ 형이 하루 동안에 하는 일의 양은 $\frac{1}{12}$, 동생은 $\frac{1}{24}$ 입니다.

③ 형과 동생이 함께 일을 했을 때 하루 동안에 하는 일의 양은 $\frac{1}{12}+\frac{1}{24}=\frac{2}{24}+\frac{1}{24}=\frac{3}{24}=\frac{1}{8}$ 입니다.

④ 전체 일의 양이 1인 일을 하루 동안 $\frac{1}{8}$ 씩 한다면 일을 끝내는 데 총 8일이 걸립니다.
따라서 형과 동생이 함께 일을 한다면 일을 끝내는 데 총 8일이 걸립니다.

대표문제1 확인하기 2 ............ P. 83

[정답] 40분

[풀이 과정]

① 청소를 끝내는 전체 일의 양을 1이라 하고 풀이합니다.

② 청소를 끝내는 데 어머니는 80분이, 아버지는 120분이, 무우는 240분이 걸립니다.
→ 어머니가 1분 동안에 하는 일의 양은 $\frac{1}{80}$, 아버지는 $\frac{1}{120}$, 무우는 $\frac{1}{240}$ 입니다.

③ 부모님과 무우가 함께 청소를 했을 때 1분 동안에 하는 일의 양은
$\frac{1}{80}+\frac{1}{120}+\frac{1}{240}=\frac{3}{240}+\frac{2}{240}+\frac{1}{240}=\frac{6}{240}=\frac{1}{40}$ 입니다.

④ 전체 일의 양이 1인 일을 1분 동안 $\frac{1}{40}$ 씩 한다면 일을 끝내는 데 총 40분이 걸립니다.
따라서 부모님과 무우가 함께 일을 한다면 청소를 끝내는 데 총 40분이 걸립니다.

대표문제2 확인하기 1 ............ P. 85

[정답] 5일

[풀이 과정]

① 전체 일의 양을 1이라 하고 풀이합니다.

② 이 일을 하는 데 A는 하루에 5시간씩 9일이, B는 하루에 3시간씩 12일이 걸립니다.
이때, A와 B가 한 시간 동안에 하는 일의 양을 각각 구합니다.
→ A가 1시간 동안에 하는 일의 양은 $\frac{1}{5\times9}=\frac{1}{45}$, B는 $\frac{1}{3\times12}=\frac{1}{36}$ 입니다.

③ A와 B가 함께 일을 했을 때 1시간 동안에 하는 일의 양은
→ $\frac{1}{45}+\frac{1}{36}=\frac{4}{180}+\frac{5}{180}=\frac{9}{180}=\frac{1}{20}$ 입니다.

④ 전체 일의 양이 1인 일을 1시간 동안 $\frac{1}{20}$ 씩 한다면 일을 끝내는 데 총 20시간이 걸립니다. 그런데, A와 B가 함께 하루에 4시간씩 일을 한다고 했으므로 전체 일을 하는 데는 20 ÷ 4 = 5일이 걸립니다.

대표문제2 확인하기 2 ............ P. 85

[정답] 10일

[풀이 과정]

① 전체 일의 양을 1이라 하고 풀이합니다.

② 이 일을 하는 데 베짱이는 하루에 6시간씩 25일이, 개미는 하루에 5시간씩 15일이 걸립니다.
이때, 베짱이와 개미가 한 시간 동안에 하는 일의 양을 각각 구합니다.
→ 베짱이가 1시간 동안에 하는 일의 양은
$\frac{1}{6\times25}=\frac{1}{150}$,
개미는 $\frac{1}{5\times15}=\frac{1}{75}$ 입니다.

③ 베짱이와 개미가 함께 일을 했을 때 1시간 동안에 하는 일의 양은
$\frac{1}{150}+\frac{1}{75}=\frac{1}{150}+\frac{2}{150}=\frac{3}{150}=\frac{1}{50}$ 입니다.

④ 전체 일의 양이 1인 일을 1시간 동안 $\frac{1}{50}$ 씩 한다면 일을 끝내는 데 총 50시간이 걸립니다. 그런데, 베짱이와 개미가 함께 하루에 5시간씩 일을 한다고 했으므로 전체 일을 하는 데는 50 ÷ 5 = 10일이 걸립니다.

## 연습문제 01 ······ P. 86

[정답] 18분

[풀이 과정]

① 심부름을 다 하는 전체 일의 양을 1이라 하고 풀이합니다.

② 심부름을 하는 데 반장은 30분이, 부반장은 45분이 걸립니다.

→ 반장이 1분 동안에 하는 일의 양은 $\frac{1}{30}$, 부반장은 $\frac{1}{45}$ 입니다.

③ 반장과 부반장이 함께 심부름을 했을 때 1분 동안에 하는 일의 양은

→ $\frac{1}{30}+\frac{1}{45}=\frac{3}{90}+\frac{2}{90}=\frac{5}{90}=\frac{1}{18}$ 입니다.

④ 전체 일의 양이 1인 일을 1분 동안 $\frac{1}{18}$ 씩 한다면 일을 끝내는 데 총 18분이 걸립니다.

따라서 반장과 부반장이 함께 심부름을 한다면 심부름을 끝내는 데 총 18분이 걸립니다. (정답)

## 연습문제 02 ······ P. 86

[정답] 5일

[풀이 과정]

① 물건 조립을 완성하는 전체 일의 양을 1이라 하고 풀이합니다.

② 물건 조립을 하는 데 어른은 하루에 2시간씩 7일이, 어린이는 하루에 5시간씩 7일이 걸립니다.
이때, 어른과 어린이가 한 시간 동안에 하는 일의 양을 각각 구합니다.

→ 어른이 1시간 동안에 하는 일의 양은 $\frac{1}{2\times7}=\frac{1}{14}$, 어린이는 $\frac{1}{5\times7}=\frac{1}{35}$ 입니다.

③ 어른과 어린이가 함께 물건을 조립했을 때 1시간 동안에 하는 일의 양은

→ $\frac{1}{14}+\frac{1}{35}=\frac{5}{70}+\frac{2}{70}=\frac{7}{70}=\frac{1}{10}$ 입니다.

④ 전체 일의 양이 1인 일을 1시간 동안 $\frac{1}{10}$ 씩 한다면 일을 끝내는 데 총 10시간이 걸립니다. 그런데, 어른과 어린이가 함께 하루에 2시간씩 물건 조립을 한다고 했으므로 물건을 완성하는 데는 $10\div2=5$일이 걸립니다. (정답)

## 연습문제 03 ······ P. 86

[정답] 10일

[풀이 과정]

① 십자수 작품 하나를 완성하는 전체 일의 양을 1이라 하고 풀이합니다.

② 작품 하나를 완성하는 데 전문가는 2일이, 수강생은 5일이 걸립니다.

→ 전문가가 하루 동안에 하는 일의 양은 $\frac{1}{2}$, 수강생은 $\frac{1}{5}$ 입니다.

③ 전문가 세 명이 6일 동안 완성시킨 십자수 작품의 개수는

→ $\frac{1}{2}\times6\times3=9$개입니다.

④ 문제의 정답을 구하기에 앞서 전문가 한 명과 수강생 2명이 하루 동안 하는 일의 양을 구합니다.

→ $\frac{1}{2}+(\frac{1}{5}\times2)=\frac{1}{2}+\frac{2}{5}=\frac{5}{10}+\frac{4}{10}$
$=\frac{9}{10}$ 입니다.

⑤ 9개의 작품(= 9만큼의 일)을 하루 동안 $\frac{9}{10}$ 씩 한다면 일을 끝내는 데 총 10일이 걸립니다.

→ $9\div\frac{9}{10}=9\times\frac{10}{9}=10$일

따라서 전문가 세 명이 6일 동안 완성시킨 십자수 작품을 전문가 한 명과 수강생 2명이 만드는 데는 10일이 걸립니다.(정답)

## 연습문제 04 ······ P. 87

[정답] 8일

[풀이 과정]

① 전체 일의 양을 1이라 하고 풀이합니다.

② 이 일을 하는 데 무우는 15일이 걸리고, 상상이는 10일이 걸립니다.

→ 무우가 하루 동안에 하는 일의 양은 $\frac{1}{15}$, 상상이는 $\frac{1}{10}$ 입니다.

③ 무우가 먼저 3일 동안 하고 남은 일의 양은

→ $1-(\frac{1}{15}\times3)=1-\frac{1}{5}=\frac{4}{5}$ 입니다.

④ 남은 $\frac{4}{5}$ 만큼의 일을 상상이가 한다고 했으므로 $\frac{4}{5}$ 만큼의 일을 하루 동안 $\frac{1}{10}$ 씩 한다면 일을 끝내는 데 총 8일이 걸립니다.

→ $\frac{4}{5}\div\frac{1}{10}=\frac{4}{5}\times\frac{10}{1}=8$일

따라서 상상이가 남은 일을 모두 끝내는 데는 8일이 걸립니다. (정답)

## 연습문제 05 …… P. 87

[정답] 1시간 36분

[풀이 과정]

① 상자를 모두 옮기는 전체 일의 양을 1이라 하고 풀이합니다.

② '시간' 을 '분' 으로 바꾸면 5시간은 300분, 3시간 20분은 200분입니다.

③ A가 혼자 하면 5시간(300분)이 걸리고, B가 혼자 하면 3시간 20분(200분)이 걸립니다.

→ A가 1분 동안에 하는 일의 양은 $\frac{1}{300}$, B는 $\frac{1}{200}$ 입니다.

④ A가 혼자 1시간(60분) 동안 하고 남은 일의 양은

$\rightarrow 1-(\frac{1}{300}\times 60) = 1-\frac{1}{5} = \frac{5}{5}-\frac{1}{5} = \frac{4}{5}$

⑤ 남은 일을 A와 B가 함께 끝마쳤다 했으므로 A와 B가 함께 했을 때 1분 동안에 하는 일의 양을 구합니다.

$\rightarrow \frac{1}{300}+\frac{1}{200} = \frac{2}{600}+\frac{3}{600} = \frac{5}{600} = \frac{1}{120}$

A와 B가 함께 하면 1분 동안에 하는 일의 양은 $\frac{1}{120}$ 입니다.

⑥ 남은 $\frac{4}{5}$ 만큼의 일을 A와 B가 함께 한다고 했으므로 $\frac{4}{5}$ 만큼의 일을 1분 동안 $\frac{1}{120}$ 씩 한다면 일을 끝내는 데 총 96분이 걸립니다.

$\rightarrow \frac{4}{5}\div\frac{1}{120} = \frac{4}{5}\times\frac{120}{1} = 96$분

따라서 A와 B가 함께 일한 시간은 1시간 36분입니다. (정답)

## 연습문제 06 …… P. 87

[정답] 9일

[풀이 과정]

① 퍼즐을 모두 맞추는 전체 일의 양을 1이라 하고 풀이합니다.

② 퍼즐을 맞추는 데 제이는 16일이, 알알이는 12일이 걸립니다.

→ 제이가 하루 동안에 하는 일의 양은 $\frac{1}{16}$ , 알알이는 $\frac{1}{12}$ 입니다.

③ 제이가 4일 동안 하고 남은 일의 양은

$\rightarrow 1-(\frac{1}{16}\times 4) = 1-\frac{1}{4} = \frac{3}{4}$ 입니다.

④ 남은 $\frac{3}{4}$ 만큼의 일을 알알이가 이어서 했다고 했으므로 $\frac{3}{4}$ 만큼의 일을 하루 동안 $\frac{1}{12}$ 씩 한다면 일을 끝내는 데 총 9일이 걸립니다.

$\rightarrow \frac{3}{4}\div\frac{1}{12} = \frac{3}{4}\times\frac{12}{1} = 9$일

따라서 알알이가 남은 퍼즐을 모두 맞추는 데는 9일이 걸립니다. (정답)

## 연습문제 07 …… P. 88

[정답] 10일

[풀이 과정]

① 아스팔트 도로를 설치하는 전체 일의 양을 1이라 하고 풀이합니다.

② 도로에 아스팔트를 설치하는 데 A업체는 30일, B업체는 40일, C업체는 24일이 걸립니다.

→ A가 하루 동안 하는 일의 양은 $\frac{1}{30}$ , B업체는 $\frac{1}{40}$ , C업체는 $\frac{1}{24}$ 입니다.

③ A, B, C업체가 함께 공사를 했을 때 하루 동안에 하는 일의 양은

$\rightarrow \frac{1}{30}+\frac{1}{40}+\frac{1}{24} = \frac{4}{120}+\frac{3}{120}+\frac{5}{120} = \frac{12}{120}$

$= \frac{1}{10}$ 입니다.

④ 전체 일의 양이 1인 일을 하루 동안 $\frac{1}{10}$ 씩 한다면 일을 끝내는 데 총 10일이 걸립니다.

따라서 A, B, C업체가 함께 공사를 한다면 아스팔트 도로를 설치하는 데 총 10일이 걸립니다. (정답)

## 연습문제 08 …… P. 88

[정답] 3시간

[풀이 과정]

① 비행기 모형을 완성시키는 전체 일의 양을 1이라 하고 풀이합니다.

② '시간' 을 '분' 으로 바꾸면 5시간은 300분, 7시간 30분은 450분입니다.

③ 비행기 모형을 만드는 데 무우는 5시간(300분), 상상이는 7시간 30분(450분)이 걸립니다.

→ 무우가 1분 동안에 하는 일의 양은 $\frac{1}{300}$, 상상이는 $\frac{1}{450}$ 입니다.

④ 무우가 3시간(180분) 동안 하고 남은 일의 양은

$\rightarrow 1-(\frac{1}{300}\times 180) = 1-\frac{3}{5} = \frac{2}{5}$ 입니다.

⑤ 남은 $\frac{2}{5}$ 만큼의 일을 상상이가 이어서 했다고 했으므로

$\frac{2}{5}$ 만큼의 일을 1분 동안 $\frac{1}{450}$ 씩 한다면 일을 끝내는 데 총 90분이 걸립니다.

$\rightarrow \frac{2}{5}\div\frac{1}{450} = \frac{2}{5}\times\frac{450}{1} = 180$분

따라서 상상이가 비행기 모형의 나머지를 완성시키는 데 걸리는 시간은 3시간 입니다. (정답)

연습문제 **09** ............ P. 89

[정답] A : 45일, B : 36일

[풀이 과정]

① 전체 일의 양을 1이라 하고 풀이합니다.

② 이 일을 A와 B가 함께 하면 20일이 걸립니다.

→ A와 B가 함께 하루 동안에 하는 일의 양은 $\frac{1}{20}$ 입니다.

③ 이 일을 A가 혼자서 30일 동안 하고 나머지를 B가 12일 동안 하면 일을 끝낼 수 있습니다.

→ A와 B가 함께 12일 동안 일하고 나머지 일을 A가 혼자서 18일 동안 하면 일을 끝낼 수 있습니다.

④ A가 하루 동안에 하는 일의 양을 □라 하고 ③ 상황에 대한 식을 세웁니다.

→ $(\frac{1}{20} \times 12) + (□ \times 18) = 1$

→ $\frac{3}{5} + (□ \times 18) = 1$ (양변에서 $\frac{3}{5}$ 을 뺍니다.)

→ $□ \times 18 = \frac{2}{5}$ (양변을 18로 나눕니다.)

→ $□ = \frac{1}{45}$

따라서 A가 하루 동안에 하는 일의 양은 $\frac{1}{45}$ 입니다.

⑤ B가 하루 동안에 하는 일의 양은

→ $\frac{1}{20} - \frac{1}{45} = \frac{9}{180} - \frac{4}{180} = \frac{5}{180} = \frac{1}{36}$ 입니다.

⑥ 이 일을 혼자서 하는 데 A는 45일, B는 36일이 걸립니다. (정답)

연습문제 **10** ............ P. 89

[정답] 96분

[풀이 과정]

① 물탱크에 물을 가득 채우는 전체 일의 양을 1이라 하고 풀이합니다.

② A, B 두 수도관을 함께 열어 물탱크에 물을 가득 채우는 데는 32분이 걸립니다.

→ A와 B 수도관이 함께 1분 동안에 채우는 물의 양은 물탱크의 $\frac{1}{32}$ 입니다.

③ A 수도관만을 열어 물을 채우는 데는 48이 걸립니다.

→A수도관이 1분 동안에 채우는 물의 양은 물탱크의 $\frac{1}{48}$ 입니다.

④ B 수도관이 1분 동안에 채우는 물의 양은 물탱크의 $\frac{1}{96}$ 입니다.

→ $\frac{1}{32} - \frac{1}{48} = \frac{3}{96} - \frac{2}{96} = \frac{1}{96}$

⑤ 따라서 B 수도관만을 열어 물탱크에 물을 가득 채우는 데는 96분이 걸립니다. (정답)

심화문제 **01** ............ P. 90

[정답] 2일

[풀이 과정]

① 전체 일의 양을 1이라 하고 풀이합니다.

② 이 일을 하는 데 A는 8일, B는 12일이 걸립니다.

→ A가 하루 동안에 하는 일의 양은 $\frac{1}{8}$ , B는 $\frac{1}{12}$ 입니다.

③ A와 B가 함께 했을 때 하루 동안에 하는 일의 양은

→ $\frac{1}{8} + \frac{1}{12} = \frac{3}{24} + \frac{2}{24} = \frac{5}{24}$ 입니다.

④ 이 일을 A가 혼자서 2일 동안 한 후 A와 B가 함께 하다가 B가 혼자서 4일 동안 해 끝마쳤습니다.

(A와 B가 함께 일한 일수를 □라 하고 식을 세우면)

→ $(\frac{1}{8} \times 2) + (\frac{5}{24} \times □) + (\frac{1}{12} \times 4) = 1$

→ $\frac{1}{4} + (\frac{5}{24} \times □) + \frac{1}{3} = 1$

(양변에서 $\frac{1}{4}$ 와 $\frac{1}{3}$ 을 뺍니다.)

→ $\frac{5}{24} \times □ = 1 - \frac{1}{4} - \frac{1}{3}$

→ $\frac{5}{24} \times □ = \frac{5}{12}$ (양변을 $\frac{5}{24}$ 로 나눕니다.)

→ $□ = \frac{5}{12} \div \frac{5}{24}$

→ $□ = 2$

⑤ 따라서 A와 B는 함께 2일 동안 일을 했습니다. (정답)

심화문제 **02** ............ P. 91

[정답] 11분

[풀이 과정]

① 장난감 조립을 완성하는 전체 일의 양을 1이라 하고 풀이합니다.

② 장난감을 조립하는 데 무우는 48분, 상상이는 60분, 제이는 80분이 걸립니다.

→ 무우가 1분 동안에 하는 일의 양은 $\frac{1}{48}$ , 상상이는 $\frac{1}{60}$ , 제이는 $\frac{1}{80}$ 입니다.

③ 무우, 상상, 제이가 함께 했을 때 1분 동안에 하는 일의 양은

→ $\frac{1}{48} + \frac{1}{60} + \frac{1}{80} = \frac{10}{480} + \frac{8}{480} + \frac{6}{480} = \frac{24}{480}$
$= \frac{1}{20}$ 입니다.

④ 무우, 상상이가 함께 했을 때 1분 동안에 하는 일의 양은

→ $\frac{1}{48} + \frac{1}{60} = \frac{5}{240} + \frac{4}{240} = \frac{9}{240} = \frac{3}{80}$ 입니다.

⑤ 셋이 함께 조립을 하다가 제이는 떠나고 무우, 상상이가 나머지를 12분 동안 조립해 완성했습니다.
(셋이 함께 일한 시간을 □라 하고 식을 세우면)
→ $(\frac{1}{20} \times \square) + (\frac{3}{80} \times 12) = 1$
→ $(\frac{1}{20} \times \square) + \frac{9}{20} = 1$ (양변에서 $\frac{9}{20}$ 을 뺍니다.)
→ $\frac{1}{20} \times \square = 1 - \frac{9}{20}$
→ $\frac{1}{20} \times \square = \frac{11}{20}$ (양변을 $\frac{1}{20}$ 로 나눕니다.)
→ $\square = \frac{11}{20} \div \frac{1}{20}$
→ $\square = 11$
⑥ 따라서 무우, 상상, 제이는 함께 11분 동안 장난감을 조립했습니다. (정답)

## 심화문제 03 ······ P. 92

[정답] 2시간

[풀이 과정]
① 로봇을 완성시키는 전체 일의 양을 1이라 하고 풀이합니다.
② 로봇 하나를 만드는 데 무우는 8시간, 상상이는 12시간, 제이는 15시간이 걸립니다.
→ 무우가 한 시간 동안에 하는 일의 양은 $\frac{1}{8}$ , 상상이는 $\frac{1}{12}$ , 제이는 $\frac{1}{15}$ 입니다.
③ 무우, 상상, 제이가 함께 했을 때 1시간 동안에 하는 일의 양은
→ $\frac{1}{8} + \frac{1}{12} + \frac{1}{15} = \frac{15}{120} + \frac{10}{120} + \frac{8}{120} = \frac{33}{120}$ $= \frac{11}{40}$ 입니다.
④ 무우와 제이가 함께 했을 때 1시간 동안에 하는 일의 양은
→ $\frac{1}{8} + \frac{1}{15} = \frac{15}{120} + \frac{8}{120} = \frac{23}{120}$ 입니다.
⑤ 셋이서 함께 2시간 동안 만들다가 상상이가 먼저 가고, 무우와 제이가 함께 만들다가 나머지를 제이 혼자 1시간에 걸쳐 만들어 완성 시켰습니다.
(무우와 제이가 함께 만든 시간을 □라 하고 식을 세우면)
→ $(\frac{11}{40} \times 2) + (\frac{23}{120} \times \square) + (\frac{1}{15} \times 1) = 1$
→ $\frac{11}{20} + (\frac{23}{120} \times \square) + \frac{1}{15} = 1$
(양변에서 $\frac{11}{20}$ 와 $\frac{1}{15}$ 를 뺍니다.) → $\frac{23}{120} \times \square = 1 - \frac{11}{20} - \frac{1}{15}$
→ $\frac{23}{120} \times \square = \frac{23}{60}$ (양변을 $\frac{23}{120}$ 으로 나눕니다.)
→ $\square = \frac{23}{60} \div \frac{23}{120}$
→ $\square = 2$
⑥ 따라서 무우와 제이는 함께 2시간 동안 로봇을 만들었습니다. (정답)

## 심화문제 04 ······ P. 93

[정답] 56일

[풀이 과정]
① 전체 일의 양을 1이라 하고 풀이합니다.
② 이 일을 A와 B가 함께 하면 80일이, B와 C가 함께 하면 70일이, A와 C가 함께 하면 112일이 걸립니다.
→ A와 B가 함께 하루 동안에 하는 일의 양은 $\frac{1}{80}$
B와 C가 함께 하루 동안에 하는 일의 양은 $\frac{1}{70}$
A와 C가 함께 하루 동안에 하는 일의 양은 $\frac{1}{112}$
③ ②에서 구한 세 개의 값을 모두 더하면
$(A+B) + (B+C) + (A+C) = 2 \times (A+B+C)$
A와 B와 C가 하루 동안에 하는 일의 양이 두 번씩 더해져 있는 것을 알 수 있습니다.
→ $2 \times (A+B+C) = \frac{1}{80} + \frac{1}{70} + \frac{1}{112} = \frac{14}{1120} + \frac{16}{1120} + \frac{10}{1120} = \frac{40}{1120} = \frac{1}{28}$
④ $2 \times (A+B+C) = \frac{1}{28}$ 이므로 양변을 2로 나누면 $A + B + C = \frac{1}{56}$ 입니다.
따라서 A와 B와 C가 함께 일을 한다면 일을 하는 데 총 56일이 걸립니다. (정답)

창의적문제해결수학 01 P. 94

[정답] 40분

[풀이 과정]

① 밀린 집안일을 하는 전체 일의 양을 1이라 하고 풀이합니다.

② '시간'을 '분'으로 바꾸면 5시간 15분은 315분, 7시간은 420분입니다.

③ 밀린 집안일 전체를 하는 데 형은 5시간 15분(315분)이, 동생은 7시간(420분)이 걸립니다.

→ 형이 1분 동안에 하는 일의 양은 $\frac{1}{315}$, 동생은 $\frac{1}{420}$ 입니다.

④ 형과 동생이 함께 했을 때 1분 동안에 하는 일의 양은

→ $\frac{1}{315} + \frac{1}{420} = \frac{4}{1260} + \frac{3}{1260} = \frac{7}{1260} = \frac{1}{180}$ 입니다.

⑤ 집안일을 동생이 혼자서 2시간(120분) 동안 하다가 형이 와서 형과 함께 한 후 동생은 떠나고 형이 혼자서 50분 동안 했더니 집안일 전체의 $\frac{1}{3}$ 이 남았습니다. (둘이 함께 일한 시간을 □라 하면)

→ 동생이 혼자서 120분, 둘이 함께 □분, 형이 혼자서 50분 동안 일을 하면 전체 일의 $\frac{2}{3}$ 를 합니다.

→ $(\frac{1}{420} \times 120) + (\frac{1}{180} \times \square) + (\frac{1}{315} \times 50) = \frac{2}{3}$

→ $\frac{2}{7} + (\frac{1}{180} \times \square) + \frac{10}{63} = \frac{2}{3}$ (양변에서 $\frac{2}{7}$ 와 $\frac{10}{63}$ 를 뺍니다.)

→ $\frac{1}{180} \times \square = \frac{2}{3} - \frac{2}{7} - \frac{10}{63}$

→ $\frac{1}{180} \times \square = \frac{14}{63}$ (양변을 $\frac{1}{180}$ 로 나눕니다.)

→ $\square = \frac{14}{63} \div \frac{1}{180}$

→ $\square = 40$

⑥ 따라서 형과 동생은 함께 40분 동안 집안일을 했습니다. (정답)

창의적문제해결수학 02 P. 95

[정답] 90분

[풀이 과정]

① 10마리의 물고기를 잡는 전체 일의 양을 1이라 하고 풀이합니다.

② '시간'을 '분'으로 바꾸면 2시간은 120분, 1시간 30분은 90분입니다.

③ 10마리의 물고기를 잡는 데 아기 펠리컨은 2시간(120분)이, 엄마 펠리컨은 1시간 30분(90분)이, 아빠 펠리컨은 40분이 걸립니다.

→ 아기 펠리컨이 1분 동안에 하는 일의 양은 $\frac{1}{120}$ 엄마 펠리컨은 $\frac{1}{90}$, 아빠 펠리컨은 $\frac{1}{40}$ 입니다.

④ 세 마리의 펠리컨이 함께 했을 때 1분 동안 하는 일의 양은

→ $\frac{1}{120} + \frac{1}{90} + \frac{1}{40} = \frac{3}{360} + \frac{4}{360} + \frac{9}{360} = \frac{16}{360} = \frac{2}{45}$ 입니다.

⑤ 10마리의 물고기를 잡는 전체 일의 양을 1이라고 했으므로, 40마리의 물고기를 잡는 전체 일의 양은 4입니다. 따라서 세 마리의 펠리컨이 40마리의 물고기를 잡는 데 걸리는 시간은

$4 \div \frac{2}{45} = 4 \times \frac{45}{2} = 90$분입니다. (정답)

영재들의 수학여행
Math Travel

창의영재수학

아이앤아이